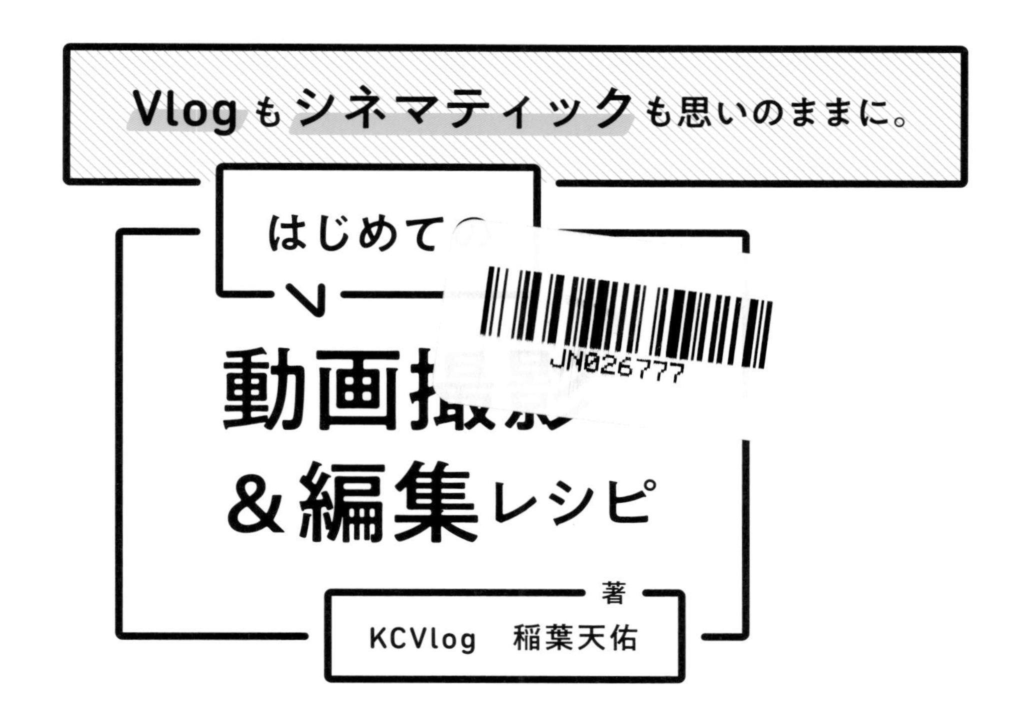
Vlogもシネマティックも思いのままに。
はじめての
動画撮影
&編集レシピ
著
KCVlog　稲葉天佑

abc…
ABC…
abc…
あいう…

インプレス

はじめに

はじめまして。「KCVlog」というYouTubeチャンネルで、動画の撮影や編集のコツなどについて発信している動画クリエイターの稲葉天佑です。僕は友人とYouTubeへの投稿をきっかけに動画制作を始め、現在はCMなどの映像制作の仕事をしています。

これまで趣味でも仕事でも、たくさんのものを映像化してきましたが、実は僕はもともとインドア派で趣味も少ないタイプでした。そんな僕がいろいろな趣味や素晴らしい商品、素敵な人たちと出会えたのは映像制作というつながるツールをもてたからだと思います。

動画をつくれるようになると、そういったつながりがもてるほかにも思い出を素敵な形にして残しておけたり、動画を通して好きなことを共有できたり表現できたりと良いことがたくさんあります。

この本は、「少しでも多くの人が映像制作を楽しんで人生を豊かにしてほしい」。そんな想いで書きました。

はじめて動画をつくる方や、途中で挫折してしまった方でもわかりやすく丁寧に解説をしているので、ぜひ読んで楽しんでもらえたら嬉しいです。

稲葉天佑

Contents

CHAPTER 3 思い描いた動画をつくるムービーレシピ集

CHAPTER 4 クオリティUPのための編集テクニック

CHAPTER 5 スマホでできる動画づくりのコツ

本書の読み方

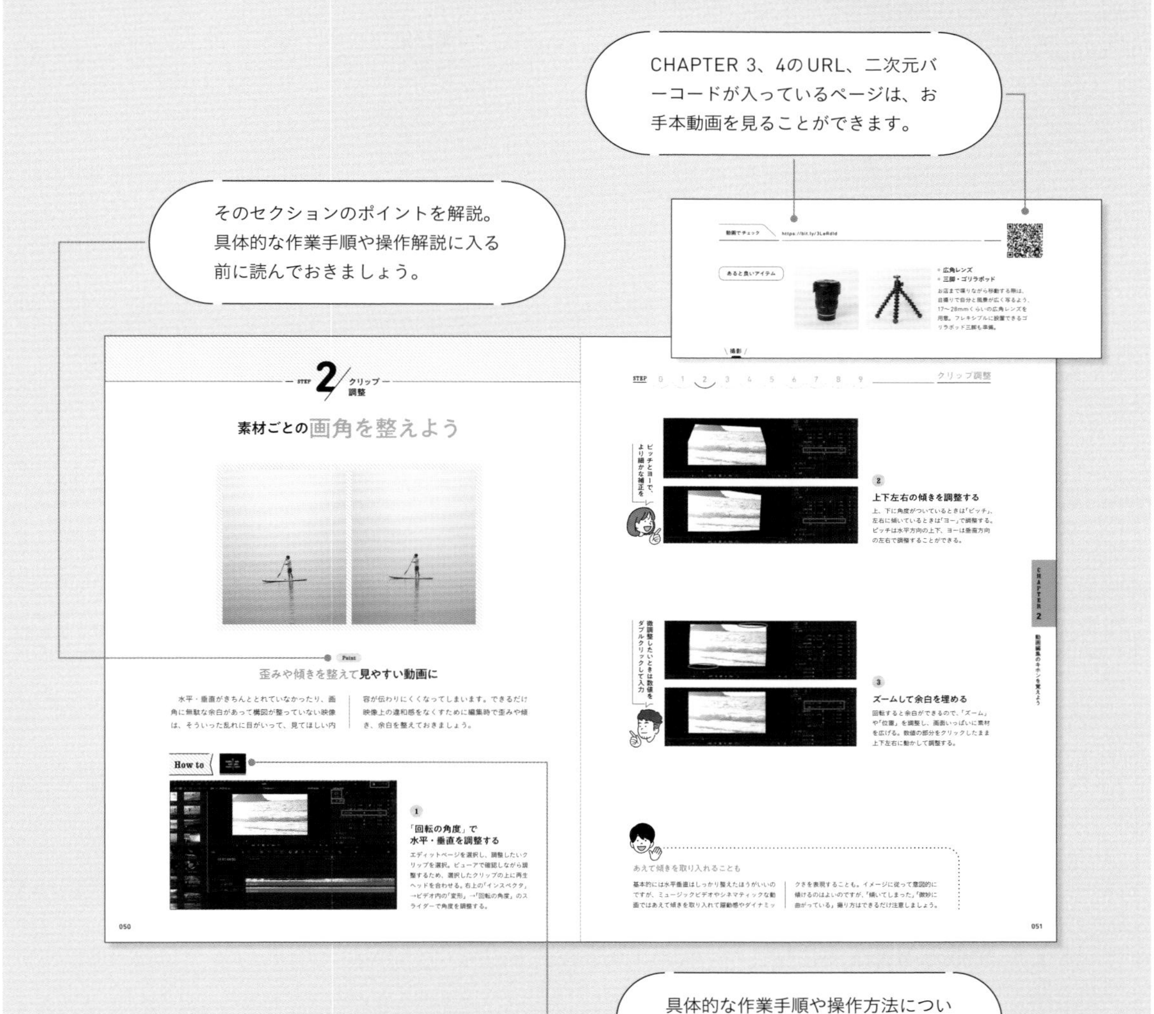

注意事項

● 本書で掲載しているソフトウェア、サービス、アプリケーションなどの情報は2023年5月時点のものです。

● 本書では「Windows」に「DaVinci Resolve 18」がインストールされているパソコンで、インターネットが常時接続されている環境を前提に画面を再現しています。そのほかの環境の場合、一部画面や操作が異なることがあります。

● 本書の発行後にソフトウェアの機能や操作方法、画面などが変更された場合、本書の掲載内容通りに操作できなくなる可能性があります。

● 本書で紹介しているソフトウェア、アプリケーション、サービスの利用規約の詳細は各社のサイトをご参照ください。またいかなる損害が生じても、著者および株式会社インプレスのいずれも責任を負いかねますので、あらかじめご了承ください。

● 本書で配布するファイルの利用は、本書をご購入いただいた方に限ります。有償・無償にかかわらず、ファイルを配布する行為や、インターネット上にアップロードする行為、販売行為は禁止します。

CHAPTER 1

動画の撮影&準備をしよう

動画の撮影は、どんな流れで進めれば良いのでしょうか。まずは動画の方向性を決め、撮影するイメージを固め、プランを立てて、実際に撮影していく。その一連の流れを、「暮らしのVlog」の撮影を例に解説していきます。構成を考えるのに役立つ「動画プランシート」も用意したので、ぜひ活用してみてください。

撮影前に考えておくこと

Point

撮影を楽にするためにもテーマと構成は大切！

はじめて「動画の作品を撮ってみよう！」と思ったとき、最初にすることは、カメラで録画ボタンを押すことでしょう。でも、ただ録画するだけだと、あとから編集して1本の動画に仕上げるのはなかなか大変です。動画制作では、テーマ（何を）や構成（どう見せるか）を考えることが一番大切です。つくりたい動画のイメージをもつことで失敗が減り、編集がしやすくなります。

テーマ・構成を決めておく3つのメリット

1. 撮影時間を短縮できる
2. 無駄な撮影が減り、データもスッキリ
3. 編集がスムーズ

構成を決めるとスムーズに撮影できますが、完璧に構成を組み、その通りに撮影しなければならないわけではありません。右ページで紹介する構成メモも、目安程度に考えてください。大まかな骨組みをつくったら、あとは実際に撮影しながら良いシーンを積極的に取り入れていきましょう。

構成メモ

YouTube動画：暮らしのVlog

■流れ
オープニング
（本編をちょっと見せる）
↓
花を花瓶に挿すシーン
（花と花瓶の物撮り、挿している動き）
↓
お菓子を盛り付けるシーン
（お菓子と皿の物撮り、盛り付けている動き）
↓
ジンジャーエールをつくるシーン
（ジンジャーシロップの物撮り、グラスに氷とシロップと炭酸水を入れるところ）
↓
満喫するシーン
（ジンジャーエールとお菓子をいただくところ）
↓
エンディング
（オープニングと同じ）
※画の上に文字をのせて各シーンを実況

■キーワード
丁寧な暮らし、休日、Vlog

■タイトル候補
【Vlog】とある休日、お気に入りのシロップでつくるジンジャーエールをいただきました。｜丁寧な暮らし

最初につくりやすいテーマとして、「暮らしのVlog」を元に構成メモを書き出してみました。ざっくりした流れや撮影項目、連想されるキーワードなどを構成メモに書き出すと、動画のイメージが膨らみます。スマホのメモ帳でも、紙のメモ帳でもOKです！

動画のイメージ

Title ｜ **暮らしのVlog**

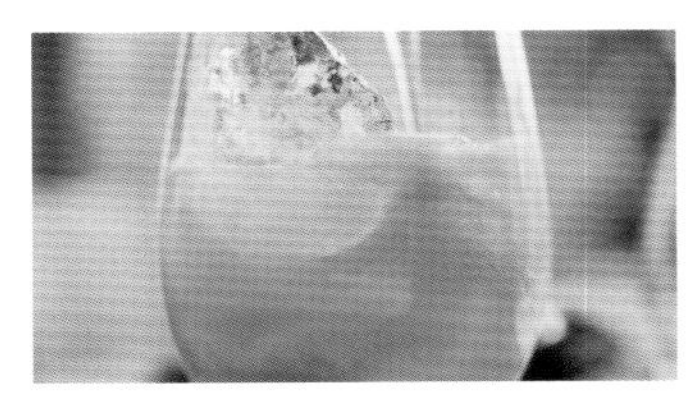

上のメモの内容を元に最初にイメージしたマストなシーン。
「これは入れたい！」という大きなイメージから具体化していきます。P.26から実際に動画を撮影していきます。

STEP 1 動画の構成

「動画プランシート」にまとめてみよう

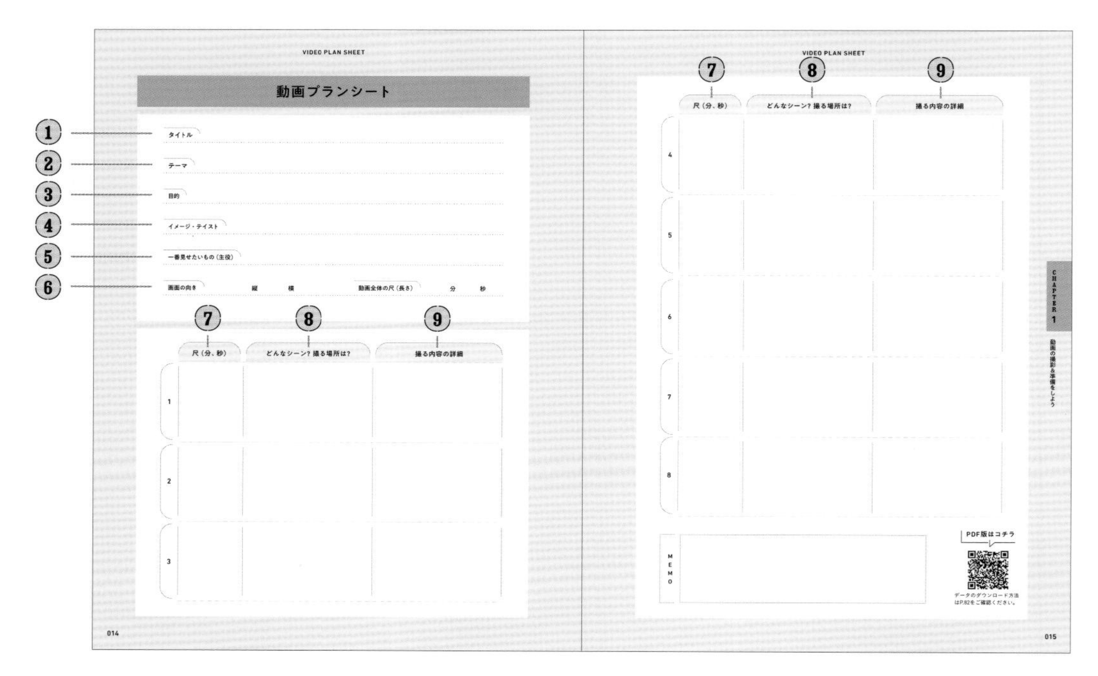

VIDEO PLAN SHEET

動画プランシート

① タイトル

② テーマ

③ 目的

④ イメージ・テイスト

⑤ 一番見せたいもの（主役）

⑥ 画面の向き　縦　横　動画全体の尺（長さ）　分　秒

	⑦ 尺（分、秒）	⑧ どんなシーン？ 撮る場所は？	⑨ 撮る内容の詳細
1			
2			
3			

014

VIDEO PLAN SHEET

	⑦ 尺（分、秒）	⑧ どんなシーン？ 撮る場所は？	⑨ 撮る内容の詳細
4			
5			
6			
7			
8			

MEMO

PDF版はコチラ

データのダウンロード方法はP.82をご確認ください。

CHAPTER 1 動画の撮影&準備をしよう

015

構成メモからプランシートを書き出そう

構成メモをさらに具体化して動画構成を詰めていくために、P.14〜15にプランシートを用意しました。このシートに沿って項目を埋めていけば、撮影内容を整理しやすく、撮り漏れも防げます。各項目にどんなことを書くかを見ていきましょう。実際の書き方例はP.24を参照してください。

Point

プランシートに書く内容

1 タイトル	動画のタイトル。動画をYouTubeに投稿する場合は、検索されそうなキーワードを組み合わせてタイトルに。
2 テーマ	動画をどんな内容にするかテーマを決めます。「おさんぽを題材にしたVlog」「3分でできる簡単レシピを紹介する料理動画」「会社の雰囲気を伝える社員インタビュー動画」といった内容です。

3 目的	何のために誰に向けてつくるのか、目的を整理します。目的が違えば撮影や編集の仕方も異なります。たとえば、「たくさんの人に見てもらい、フォロワー数を伸ばしたい」場合は、話題や人気のトピックを取り上げます。反対に「自分に興味がある人だけに見てもらいたい」場合は、個人的な話や身内ネタを取り上げても良いでしょう。
4 イメージ・テイスト	どんなイメージで撮影するかを決めます。たとえば、「落ち着いたモーニングルーティン動画にしたいから、撮り方は定点多めでBGMもゆったりしたものを使う」など、完成イメージを想像します。なかなか想像できない場合は、イメージに近い動画や写真などをリストアップして参考にするのもアイデアの1つ。
5 一番見せたいもの（主役）	一番見せたいところや主役を決めます。ただし、緩やかに視界全体を切り取るような場合は必要ないこともあります。
6 画面の向き／動画全体の尺（長さ）	画面の向きを縦にするか横にするかを決めます。向きを決めずに撮影をすると、縦横の素材が混在して編集しにくいといった失敗も。全体の大体の尺（長さ）も、たとえば5分間などと決めておきましょう。
7 各シーンの尺（分、秒）	完成動画で使う各シーンの長さも大まかに決めておきます。オープニング（15秒）→挨拶（30秒）など事前に想像しておくと、撮影時に無駄な撮影を行わずにすみます。
8 シーンと時間、撮影場所	どんなシーンなのか名前をつけるとしたら？　どこで撮るのか、事前にわかる範囲で決めておきます。たとえば、「リビングのカーテンを開けて朝日を入れるシーン」といったことです。
9 撮る内容の詳細	上で考えたシーンと場所について、さらに具体的にします。たとえば「カーテンを開ける様子を窓の横から撮る」「窓を開けてカーテンが風に揺らめく」など画が想像できるように。

プランシートに書く内容を考えるのが難しければ、YouTubeやSNSなどで気に入った動画の構成を真似してみるのも◎。ただし、すべて真似したものを自分の作品として発信すると著作権の侵害にあたる場合も。あくまで練習用や参考程度にし、公開は控えるのがベターでしょう。

動画プランシート

タイトル

テーマ

目的

イメージ・テイスト

一番見せたいもの（主役）

画面の向き　縦　横　　動画全体の尺（長さ）　分　秒

	尺（分、秒）	どんなシーン？ 撮る場所は？	撮る内容の詳細
1			
2			
3			

	尺（分、秒）	どんなシーン？ 撮る場所は？	撮る内容の詳細
4			
5			
6			
7			
8			

MEMO	

PDF版はコチラ

データのダウンロード方法はP.82をご確認ください。

撮影機材はミラーレス一眼がおすすめ！

Point

きれいな映像は撮影が楽しくなる

動画撮影を簡単に始められるのはスマートフォンですが、おすすめはミラーレス一眼。解像度が高く美しい動画が撮れるので、確認したときのテンションが違います。さらにレンズ交換ができるので、暗い場所でもきれいに撮影できたり、ボケ味の強いしゃれた動画が撮れたり、狭い場所でも広く映すことも可能。レンズを変えればさまざまな表現ができるので、撮影が楽しくなります！

ミラーレス一眼はボケ味が美しい

▲スマートフォンのカメラで撮影。背景までビシッとピントが合っています。被写体はあまり目立ちません。

▲ミラーレス一眼で撮影したこちらは、背景がぼけて人物が際立っています。主役を明確にすることができます。

まずは揃えたいキホンの機材

カメラ | ミラーレス一眼カメラ

SONY α7C

▲【愛用カメラ】とくに動画に特化しているモデル。バリアングルモニター搭載。高性能でありながら小さくて軽いので取り回しがラク。

動画撮影ができるカメラにはさまざまなものがありますが、これから始める人には、用途に合わせてレンズを取り替えて使うミラーレス一眼がおすすめです。

こんなカメラがおすすめ!

- **センサーサイズはフルサイズかAPS-C。ただしAPS-Cの場合は画角(写る範囲)が狭いため、広角レンズを用意するのがおすすめ**
- **コンパクトで軽量なもの**
- **画面を回転させて自撮りができるバリアングルモニター搭載**
- **手ブレ補正付き**

レンズ | 標準・広角のズームレンズ

最初は実際の視界に近い50mm前後が含まれる標準ズームレンズ(24〜70mm前後)があると良いでしょう。さらに広い範囲を写せる15〜28mm程度の広角レンズがあると便利。この２本があれば、テーブルの上の料理から部屋全体まで撮影できます。

TAMRON 17-28mm F/2.8 Di III RXD

TAMRON 28-75mm F/2.8 Di III VXD G2

◀【愛用レンズ】右が標準、左が広角のズームレンズ。ズームレンズは拡大・縮小ができさまざまな画角に対応できる。

— レンズの焦点距離の違い —

望遠
標準
広角

▲望遠域は狭い画角で遠くを写せる。標準域は視界に近い自然な画角。自撮りや室内撮影が多いYouTube動画では、背景まで広く写せる広角レンズがあると便利。

マイク | コンパクトな外部マイク

一眼カメラにはマイクが内蔵されていますが、内部にあるため音を拾いにくくなっています。環境音、作業音なども活かす場合は、外部マイクを用意しましょう。

RØDE VideoMicro

◀【愛用マイク】扱いやすい軽量でコンパクトなマイク。手持ちの撮影など撮影のしやすさを重視したい場合にぴったり。

本格的な機材を知りたい人はP.134〜135のコラムをチェック!

撮る前にカメラの設定をしよう

動画のカメラの設定は、スマホや静止画とはちょっと異なります。
撮影前にこれだけは設定しておきましょう。

撮影と明るさに関するモード

はじめて動画を撮影するときは、「動画モード」にして、「露出モード」をオート設定にしておくと、失敗が少なく楽しくスタートできます。ここではSONY α 7cを例に挙げて解説します。

ここを設定！	初心者におすすめの設定	どういう効果があるか
撮影モード	動画モード	撮影モードは「動画モード」がおすすめです。モードダイヤルは被写体や撮影の目的に合わせて撮影モードを変えられる機能。動画モードは動画撮影用の露出設定として保存できたり、録画ボタンを押す前にモニターに表示されるプレビュー画面が16:9の動画仕様なので、実際の映像と同じ写る範囲で構図を確認することができます。
露出モード	Pモード	動画撮影の露出(明るさ）の設定は、大抵のカメラは動画メニューから設定できます。最初はカメラ任せのPモード(プログラムオート）が失敗ありません。慣れてきたら、シャッタースピードや絞りを変えられるモードにして、ボケなどをコントロールしましょう(P.20)。

記録に関する設定

動画撮影に必要なカメラの設定をします。静止画撮影とは異なり、記録方式やフレームレートの設定が必要です。

ここを設定！	初心者におすすめの設定	どういう効果があるか

記録方式

フルHD（FHD）

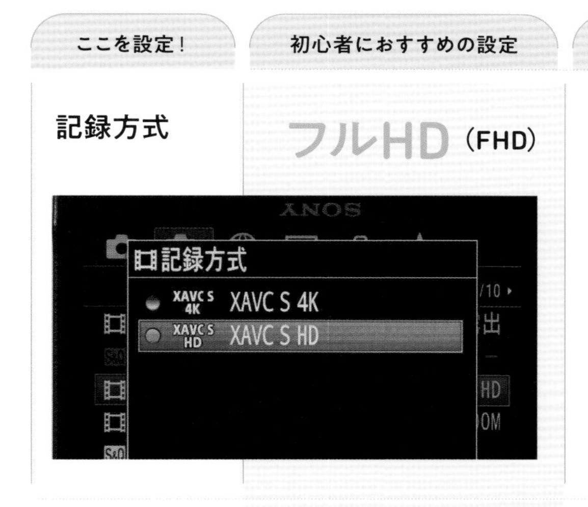

記録方式は画質の設定ができる項目です。SONY a7cの場合、
・XAVC S 4K（3840×2160）
・XAVC S HD（1920×1080）
の2種類の記録方式があり、HDに設定します。4Kのほうが高画質ですが、フレームレートが30fps以下にしか設定できないので、スロー編集をする可能性があるインサートの映像（動画の合間に挿入されるイメージカット）撮影や手持ちでの撮影が多いVlogではHDがおすすめです。

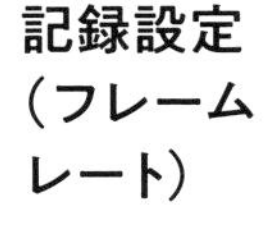

記録設定（フレームレート）

60fps（60p）

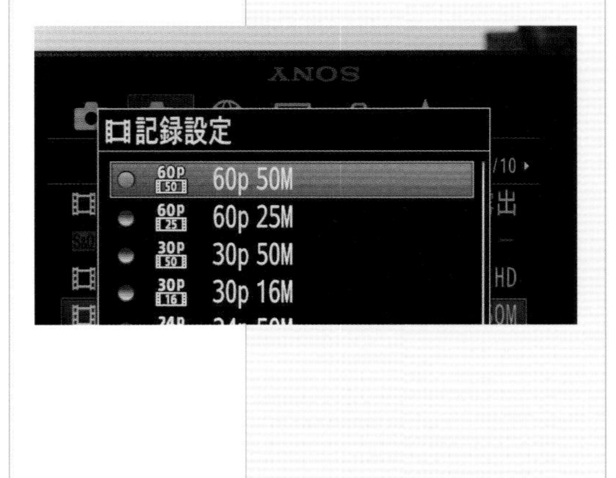

記録設定はフレームレートの設定をする項目です。フレームレートは1秒間に何枚（コマ）の静止画で動画を構成するかを示すもので、60fpsは1秒間に60枚の静止画が表示される動画です。人が違和感なく感じるフレームレートは30fps弱ですが、手ブレを抑えるためなどの理由でスロー編集をする可能性を考えると、60fpsに設定しておくのがおすすめ。スロー編集はコマ数が多い方がスローもなめらかになるためです。

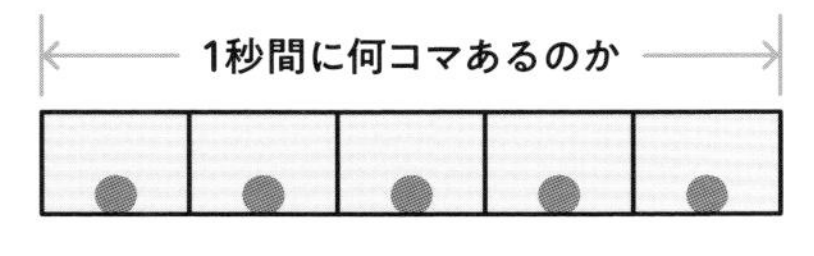

30コマ＝30fps
60コマ＝60fps
120コマ＝120fps

＊シネマティック・ムービーなどでは120fpsで撮影することもあります。

ビットレート

50Mbps（50M）

ビットレートは、1秒間に送れるデータ量のことです。ビットレートは数字が高くなるとより高画質になり、低くなると画質が悪くなります。HDの設定で60fpsにした場合、ビットレートは25Mbpsか50Mbpsが選択できます。動画の容量を節約したいとき以外は、50Mbpsがおすすめです。

最初はオート設定でOK！
慣れてきたら目的に応じて露出モード設定を変えてみよう！

露出モードの種類

●P(プログラムオート)：露出(シャッタースピードと絞り) はカメラが自動設定、その他の設定は調整できる。
●A(絞り優先)：背景をぼかしたいときなど、F値(絞り値) を設定して撮影する。
●S(シャッタースピード優先)：動きの速いものを撮るときなど、シャッタースピードを設定して撮影する。
●M(マニュアル露出)：露出(シャッタースピードと絞り) を調節して、好みの露出で撮影する。

露出モードを変えて表現を楽しもう

カメラまかせのPモードに慣れたら、「ボケ」を使った一眼カメラらしい表現ができるAモード（絞り優先）に設定してみましょう。

ここを設定！	初心者におすすめの設定	どういう効果があるか
露出モード	Aモード	絞り優先モードは、被写体を目立たせたいときや、背景をぼかして情報を処理したいときにおすすめです。下の２つの写真は背景のボケ感が異なります。※F値についてはP.21で解説します。

F2.8

F11

ここを設定！	初心者におすすめの設定	どういう効果があるか
ISO感度	AUTO	ISO感度はレンズから入った光を、カメラの中でどれくらい増幅させるかを示すものです。カフェ巡りVlogなど室内と屋外の出入りが多く明るさが変わりやすいシーンでは、基本的にAUTOでOK。「この素材だけ暗すぎる！」というミスを防げます。慣れたら自分で調整してみましょう。
F値（絞り値）	明るく・ボケを大きく ➡ F値を小さく 暗く・ボケを小さく ➡ F値を大きく	F値はカメラの中に取り込む光の量を数値化したものです。数字が小さいほうが光を取り込む絞りがたくさん開いているので、光の量が増えて明るくなります。また、背景のボケが大きくなります。数値が大きいと光の入る道が絞られ、暗くなります。奥までピントが合い、背景のボケは小さくなります。
シャッタースピード	フレームレートが30fps ➡ 1/60秒 フレームレートが60fps ➡ 1/120秒 フレームレートが120fps ➡ 1/250秒	シャッタースピードはシャッターが開いている時間のこと。秒数が長いほど明るくぶれやすく、秒数が短いほど暗くぶれにくくなります。動画の場合は、シャッタースピードの母数をフレームレートの約2倍の数値にすると自然なブレ感になるとされています。

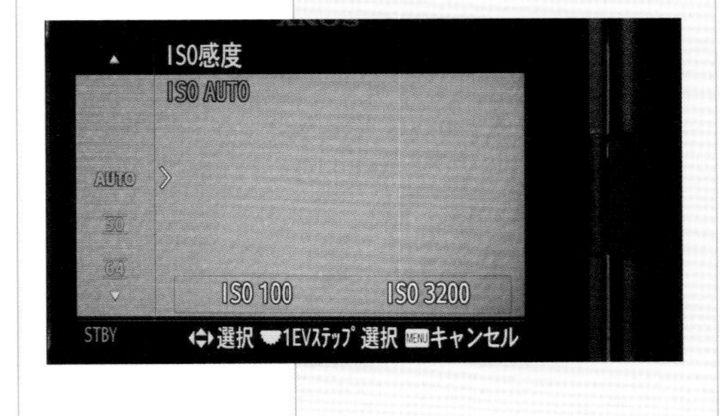

撮影をするときのポイント

Point

動画のクオリティは撮影時に決まる

　プランシートをまとめて撮影機材を用意したら、実際に撮影をしていきます。以下に、動画のクオリティを上げるために撮影時に意識すべきポイントをまとめました。動画素材は編集時に調整しますが、そもそも素材が良くなければ素敵な動画にはなりません。編集に頼り切ると、不自然になったり、素材が足りなくなる場合も。まずは撮影時にしっかりと詰めることが大切です。

\ Point /

脇をしっかりしめて手ブレを防止

手ブレがひどい映像は、見ていると酔ってしまいます。撮影時はできるだけぶれないよう意識しましょう。カメラを両手でしっかりと持ち、脇をしめて膝を曲げると安定した体勢になります。

\ Point /

水平・垂直はしっかりと！

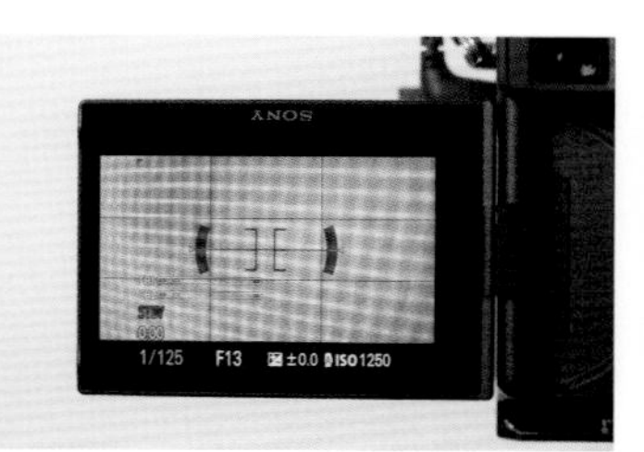

画面が傾いていると不安定で見にくく、クオリティも下がって見えます。カメラの設定でグリッドラインや水準器を表示させ、水平と垂直をしっかりとりましょう。

\ Point /

主役を明確にする

主役の決定が中途半端だと、見る人に伝えたいことが伝わらない動画に。このシーンでは何を見せるのかを明確にして、視聴者に主役が何かわかるよう意識しましょう。

\ Point /

4 見せたいものにピントを合わせる

意図的にピントを外してぼかす演出もありますが、そうでない場合はきちんと見せたいものにピントを合わせましょう。通常はカメラのフォーカスモード（ピント合わせの設定）を、シャッターボタン半押しで被写体を追従してくれるAF-Cにしてピントを合わせます。

\ Point /

5 「白飛び」に注意する

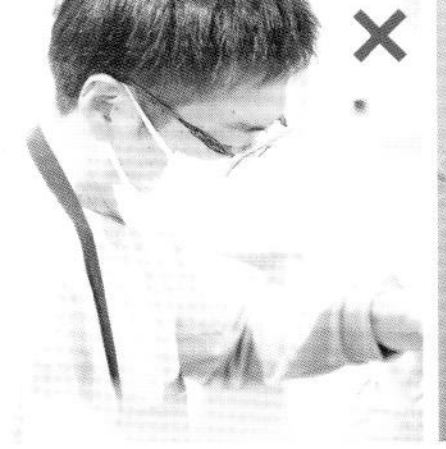

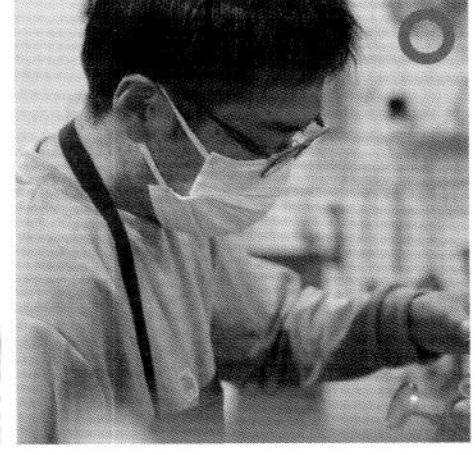

露光オーバーで明るい部分が真っ白になった状態を「白飛び」といいます。あとから編集で補正がきかないので、露出補正ダイヤルをマイナス方向に調整しましょう。

\ Point /

6 1素材につき5秒以上で撮影しておく

短すぎる素材はあとから編集しづらいので、余裕を持って撮影します。1つの素材につき最低5秒以上（＋前後余白2秒）を目安に撮影しましょう。

\ Point /

7 「寄り」と「引き」を撮っておく

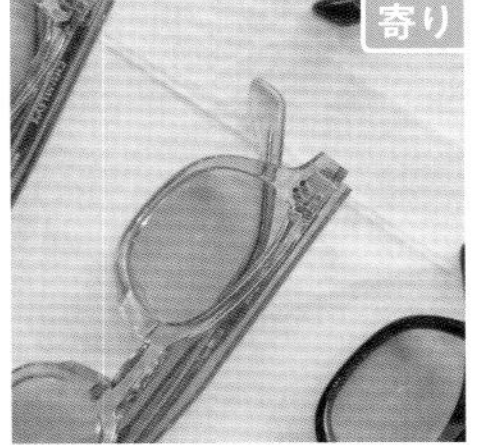

同じシーンでも「寄り」と「引き」の両方を撮っておくと、映像に変化がつきます。編集時に寄りを使うか引きを使うか選択できるようにしましょう。

\ Point /

8 高さや角度、構図を変えてバリエーションを増やす

意識せずに撮っているとカメラを構えやすい位置からの似通った映像ばかりになりがちです。高さや角度、構図を変えたり三脚を使うなどして、変化をつけます。

動画プランシートに沿って撮影しよう

それでは、実際にP.14〜15の動画プランシートに記入して撮影をしてみましょう。ここでは、始めやすい暮らしのVlogを撮影する流れを一連で見ていきます。

今回の動画プランシートの書き方例

タイトル　暮らしのVlog　　テーマ　おやつタイムのVlog

目的　家の中でのごほうび時間を素敵に写したい

イメージ・テイスト　落ち着いた　お洒落な　ゆったりとした　　一番見せたいもの（主役）　花、お菓子、ジンジャーエール

画面の向き　縦　（横）　　動画全体の尺（長さ）　約5分00秒

	尺（分、秒）	どんなシーン？撮る場所は？	撮る内容の詳細
1	10〜20秒	オープニング →各シーンの切り抜き	部屋の様子／作業の様子／窓からの光／etc.
2	1分程度	テーブルで花を花瓶に挿す	花と花瓶の物撮り／リビングで花を挿す様子
3	30秒程度	テーブルでお菓子を皿に盛り付ける	皿とお菓子の物撮り／盛り付け
4	2分程度	テーブルでジンジャーシロップを使ってジンジャーエールづくり	ジンジャーシロップの物撮り／グラスに氷を入れるところ／ジンジャーシロップを注ぐところ／炭酸水を入れるところ
5	30秒程度	窓際でごほうびのティータイム	テーブルでジンジャーエールとお菓子を楽しむ姿
6	10〜20秒	エンディング →各シーンの切り抜き	部屋の様子／盛り付けたお菓子／窓からの光／ジンジャーエール etc.

0 いざ撮影！の前に

さぁ、撮影しよう！と撮る場所に立ったら、一連の流れを頭の中に思い描き、イメージを固めます。暮らしのVlogのように自撮りの場合は、以下のような流れで進めます。

1 構成を思い浮かべる

動画プランシートを見ながら、動画の一連の流れと構成を、頭の中で思い描いてみます。

2 撮る映像を考える

どのカットをどういう構図で撮るか、自分が入る場合はどう動くか、光はどう入るかなどを見ながら撮る内容を詰めていきます。

3 カメラ・三脚をセッティング

カメラ（必要であれば三脚）をセットして構図決め。ライブビューでグリッド線を意識して調整を。

4 人物入りの構図を確認

自分が実際に入ったときの構図はどうか、テスト撮影を。撮ったものを見て確認・調整します。

5 撮影スタート！

構図や位置などを調整して、本番の録画をスタート。

1 オープニング、部屋の様子

引きと寄りで部屋の雰囲気を伝える

まず、少し広めに部屋の雰囲気がわかるカットを撮っておきましょう。続いて、部屋のおしゃれな部分を寄り気味で撮影。オープニングやエンディング、合間に挿入するインサートとして使えます。

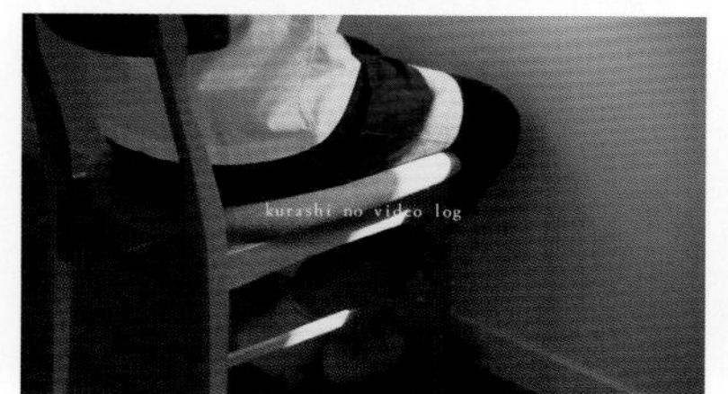

寄りカットは、イメージが合えば別の日に撮影したものを組み合わせても良い。

2 花を飾る

逆光で花の柔らかさを活かして撮る

逆光で撮ることでふわっと光が周り、「これぞ暮らしのVlog」というおしゃれな雰囲気に。外と室内の明暗差があるので窓は白飛びしますが、見せたいのは花なので花に明るさを合わせます。

撮影風景 **撮影した映像**

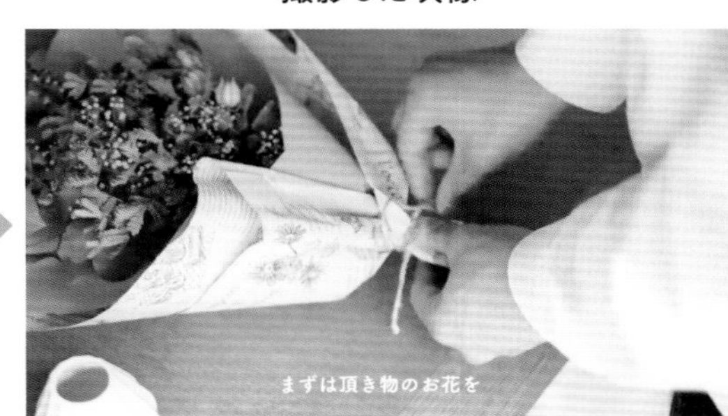

花束をほどくシーンは、手元だけが入るように俯瞰気味で撮影。

下から煽り気味で撮影することで、普段リアルではあまり見ない視点で、印象的な画に。

次のシーンの入りでは、手前にお菓子を置くスペースを確保し、グリッドラインの交点に花を置く。

3 お菓子を準備

パッケージを開くところから撮影する

テーブルにお菓子を置き、パッケージを開けて中身を確認、皿に盛り付けるところまでの一連の流れを撮影します。パッケージの開封は真俯瞰で、皿への盛り付けは斜め45度から撮ると構図に変化がつきます。

ピントをAF(オートフォーカス)に設定すると、開封したときに紙や箱にピントが合ってしまう。ここだけお菓子の位置に合わせてMF(マニュアルフォーカス)に固定しよう。

4 ジンジャーエールをつくる

逆光でグラスに炭酸水を注ぐシーンを撮る

ジンジャーエールをつくるシーンは、このVlogのハイライト。窓側に向かって逆光で撮影すると、氷やグラス、ジンジャーエールの光の当たり方がとてもきれいな映像になります。

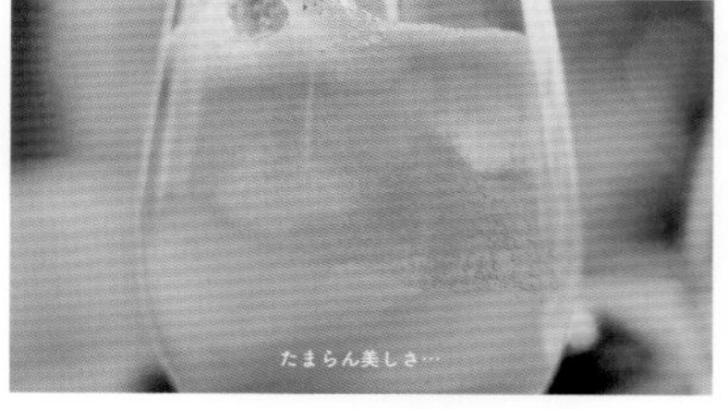

ローアングルからだったので、カメラはテーブルの上に置き、小物でレンズの向きを微調整。

5 | ジンジャーエールとお菓子を満喫

引きで「雰囲気」を切り取る

食事シーンは「ティータイムを過ごしている空間」を切り取りたいので、引きの構図で撮影します。三脚は少し離れたところに設置して、お菓子がやや写るよう少し上から撮影します。

完全に逆光になるので、窓は白飛び必須。人物とお菓子がちゃんと見える明るさで撮っておき、編集でハイライトを調整する。

6 | エンディング

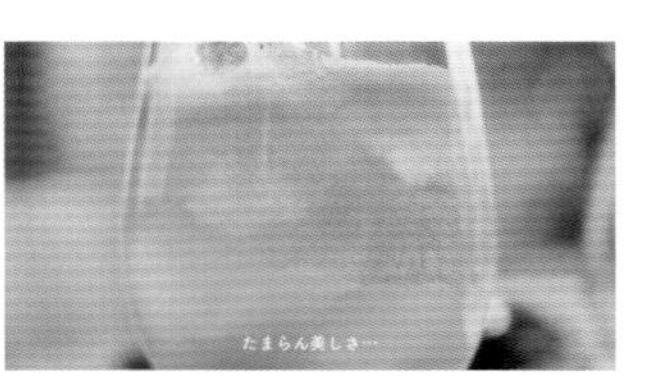

楽しかった時間を切り出す

オープニングと同様、エンディングはシーンのまとめを見せていきます。花、ジンジャーエール、お菓子の主役要素は必ず入れていきましょう。

立ち去る自分で画面を暗くし暗転へ展開。

この章で解説した「暮らしのVlog」を編集した見本動画はP.83から見ることができます。

CHAPTER 2

動画編集のキホンを覚えよう

撮影したバラバラの素材を1本の動画にするには、動画編集ソフトを使って素材をつなげる作業が必要です。ここでは、初心者にも使いやすい無料版のDaVinci Resolveというソフトを使って、「これさえ覚えれば動画ができる！」という基本的な作業を見ていきましょう。

無料版DaVinci Resolveをインストール

Point

初心者でも使いやすい無料なのに本格的なソフト

撮影した素材を1本の動画に編集するためには、動画編集ソフトが必要です。さまざまなソフトが出ていますが、初心者におすすめなのが「DaVinci Resolve（ダビンチ・リゾルブ）」の無料版。編集、色、エフェクトなど必要な機能が揃い、ハリウッド映画の制作現場でも使われている優れたソフトです。使い方も覚えやすく、これ1つで初心者でも雰囲気のいい動画がつくれます。

DaVinci Resolveの特長

- 必要な基本機能を無料で使える
- トランジションやエフェクトなどのテンプレートが充実
- 上達に合わせて初心者からプロまで長く使える

有料版と無料版の違いは？

- 価格　有料版は¥42,980（税込）
- 高解像度16Kまで対応
- ノイズ除去　暗い映像も綺麗に
- その他の豊富なエフェクト機能

How to

有料版をクリックしないように注意！

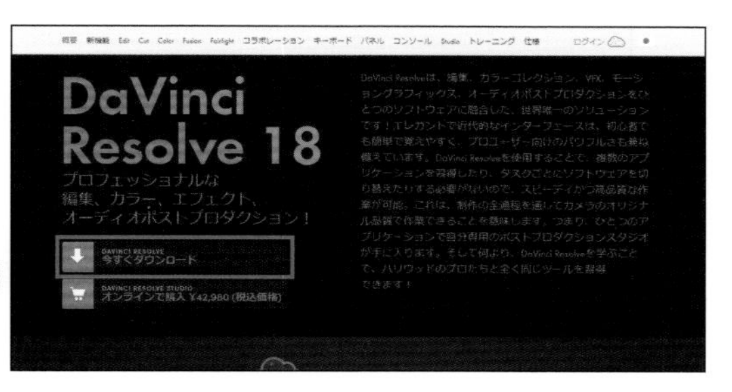

1 DaVinci Resolveのサイトを開く

インターネットのブラウザで、以下のアドレスのサイトを開き、トップページにある「今すぐダウンロード」をクリックする。
https://www.blackmagicdesign.com/jp/products/davinciresolve

2 プラットフォームを選択し、個人情報を入力する

パソコンのOSに合ったプラットフォームを選ぼう

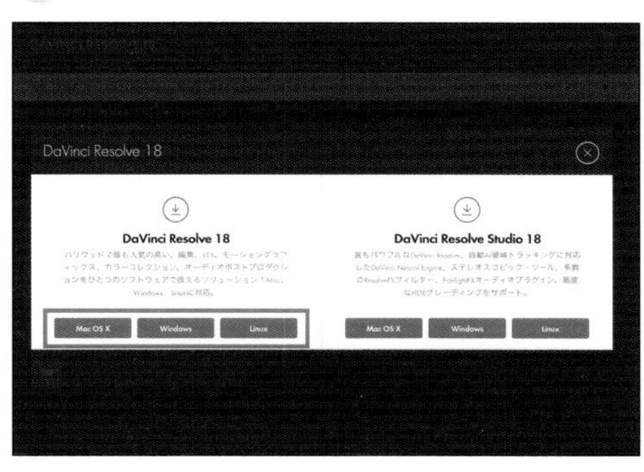

画面左側にあるDaVinci Resolveの無料版をクリックする（右のDaVinci Resolve STUDIOは有料版）。個人情報を登録する画面が表示されたら記入し、「登録＆ダウンロード」をクリックするとダウンロードがスタートする。

3 ダウンロードしたファイルをインストールする

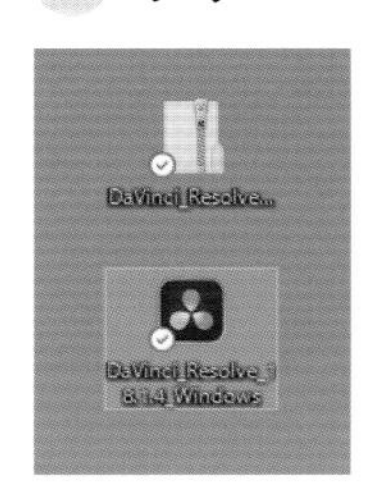

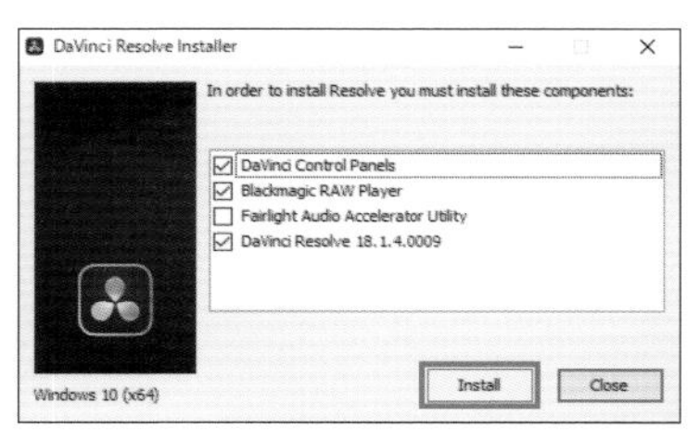

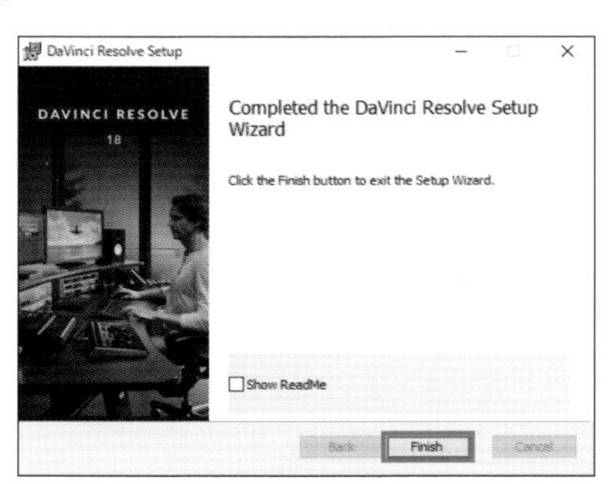

ダウンロードしたZIPファイルを展開し、DaVinci Resolveのファイルを開く。必要なものにチェックが入っていることを確認して「Install」をクリック。画面の手順に沿って進める。

STEP 0 編集前の準備

編集画面の見方を知ろう

Point

編集作業を行う7つの機能ページ

DaVinci Resolveには、編集作業ごとに7つのページがあります。画面下部に作業画面を切り替えるアイコンがあり、左から作業を行う順に並んでいます。本書ではほとんどの作業を3の「エディットページ」で行います（P.35）。他の画面は使う頻度が少ないですが、全体の役割と得意分野を知っておきましょう。エディットページの画面の見方についても簡単に解説します。

7つの切り替えアイコン（本書では主に緑部を使用）

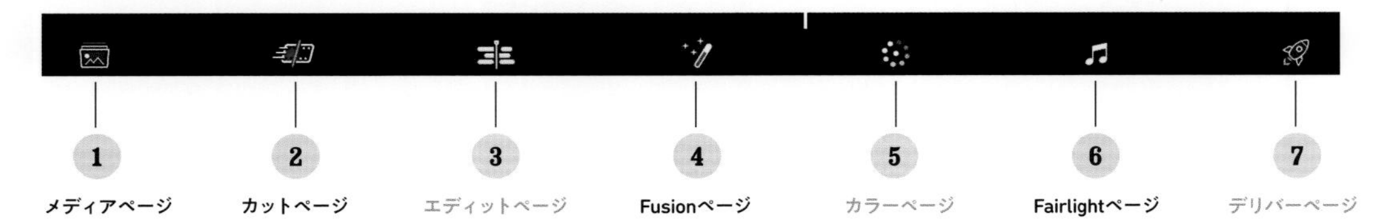

素材の読み込みはこの画面以外でもできるよ

1 メディアページ

撮影した動画やBGMなどの素材を読み込める画面。

基本編集を行うにはベーシックな3のほうがおすすめ

2 カットページ

簡易的な編集がここに集約され、短時間で編集できる。

3 エディットページ

動画編集をするメインのページ。2のカットページに比べ、より凝った編集ができる。画面右上にあるインスペクタや左上にあるエフェクトなどで動画の調整や加工ができる。音声やBGMも調整可能。

この本では、ほぼこのエディットページで作業をしていきます

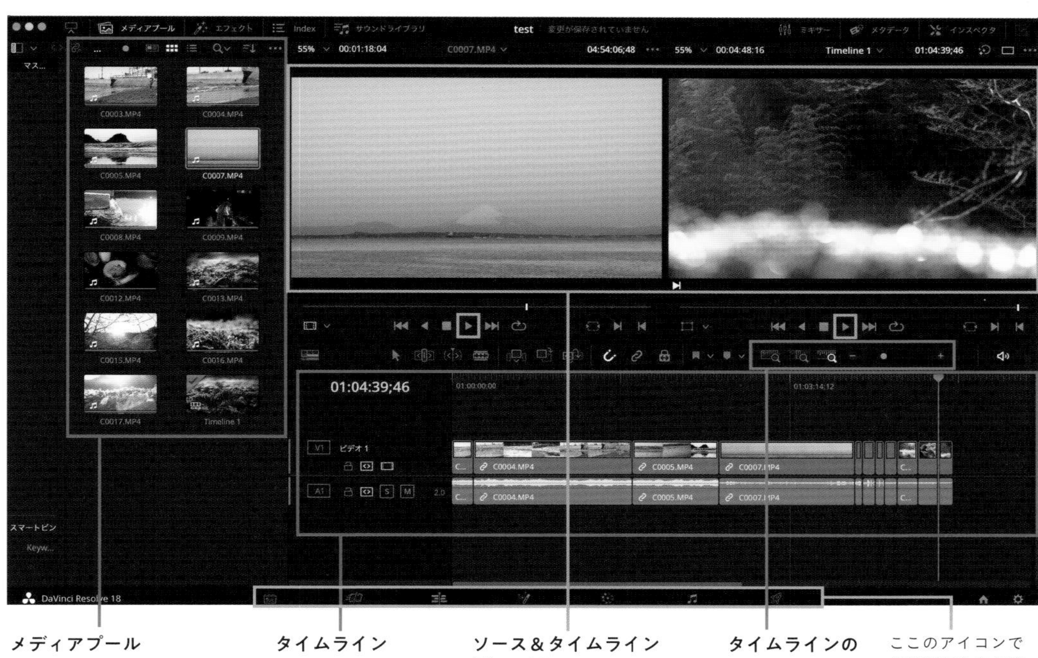

メディアプール
素材の置き場所。ここから使う素材をタイムラインに移して編集作業をスタート。

タイムライン
動画の編集作業を行うメインの場所。※タイムラインの見方は次のP.36で解説。

ソース＆タイムラインビューア
左側がメディアプールやタイムラインで選択している素材、右側にタイムラインにある動画が表示され、それぞれの下にある再生ボタン（▶）を押すと、それぞれの動画と素材が流れる。

タイムラインの拡大・縮小

ここのアイコンで作業画面を切り替える。

右下のアイコンの役割は？

メニューバーの右側にある2つのアイコンは、プロジェクトの管理と設定ウィンドウに関する操作を行えます。左の家のアイコンは「プロジェクトマネージャー」のウィンドウを表示。新規プロジェクトの作成や、作成中のプロジェクトを開くことができます。右の歯車のアイコンは「プロジェクトの設定」ウィンドウを表示。動画のサイズやフレームレートなどタイムライン全体の設定ができます。

タイムラインの見方

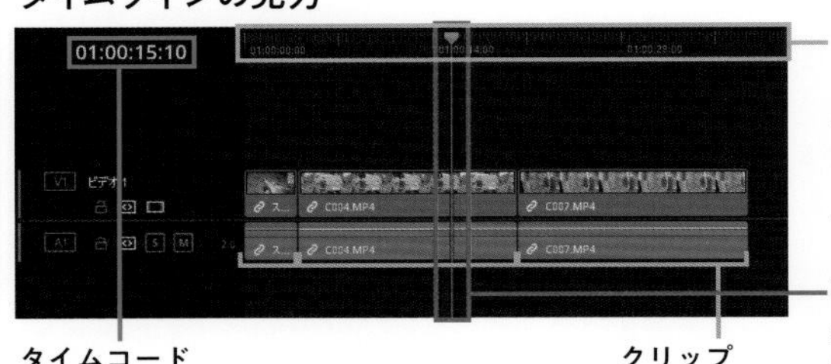

タイムラインルーラー
タイムコードを表示。上の目盛り＝1フレームを示している。

再生ヘッド
現在の再生位置を示すもの。素材のカット位置でも使用。

タイムコード
再生ヘッドのある位置のタイムコードを表示。左から「時間、分、秒、フレーム数」を表している。デフォルトの時間数は00ではなく01表示。

クリップ
1つ1つの動画素材のこと。

複数の素材を置いたタイムライン

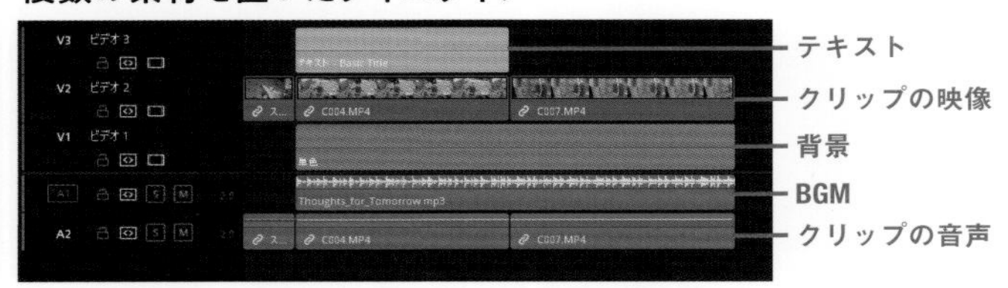

- テキスト
- クリップの映像
- 背景
- BGM
- クリップの音声

上下2つのエリアに分かれている

「V1」より上は動画や画像、テキストなどビジュアル素材を配置するエリア。「A1」より下は動画の音声やBGMなどのオーディオ素材を配置するエリア。

複数の素材を重ねられる

タイムラインはレイヤー方式なので、上から重なるようになっているイメージで上の段(階層)のものが画面上では前面に表示される。
左の画像では動画の上にテキストを表示させたいので動画素材より上の段にテキストを配置している。これが逆位置になるとテキストは動画の下に隠れてしまい画面上に表示されない。背景画像を入れる場合は動画素材の下に表示したいので下の段に入れる形になる。

テキストの3D化などいろいろできます

4 Fusionページ

動画にビジュアルエフェクトを加えるための画面。素材の合成や、文字やイラストなどのグラフィックスに動きをつけるモーショングラフィックスを加えることもできる。

色に関することは、全てここでやります

5 カラーページ

動画素材の色味を調整する画面。画面下部のホイールやバーを調整することで、素材の明るさや色温度、コントラストなどを細かく調整できる。

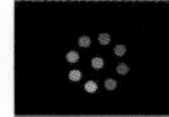

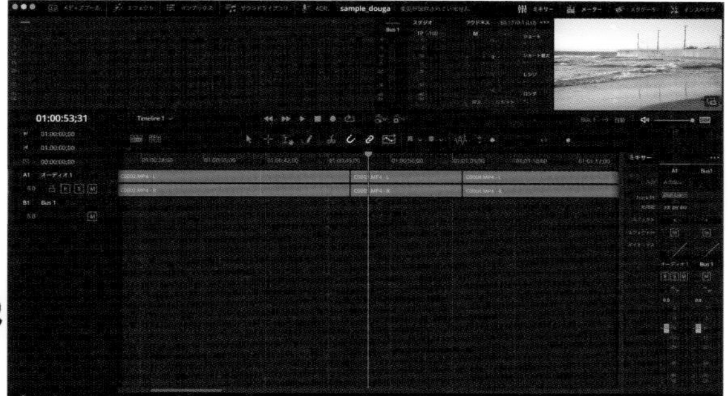

ノイズ除去などの細かい調整もできます

6 Fairlightページ

音を調整する専用の画面。単純な音調整であればエディットページでも行える。

編集の最後に使い動画を完成させる画面

7 デリバーページ

編集が完了したタイムラインを書き出す画面。画面左にある部分でファイルの保存場所や形式を設定して動画データを書き出す。

まずはエディットページから触ってみよう

DaVinci Resolveはできることが多いだけに、どこが何の機能なのか覚えるのは時間がかかります。覚えるのが大変で挫折……なんてことになっては本末転倒。まずは基本となるエディットページを触りながら、動画をつくってみるのがおすすめです。この本もエディットページを中心に解説しています。

編集作業の流れを把握しよう

複数の素材を1本の動画にする最低限の編集は、素材の準備、長さの調整、音の調整、書き出しです。そこに、つなぎの効果やテキストを加えるなど、よりクオリティをアップする効果を要所要所で加えていきます。一連の流れは右の通りです。編集作業の全体像を把握すれば「次はこれをしよう」とスムーズに動くことができます。

基本的な動画編集の全体の流れは右ページの通りです。ここからの解説も同じ流れで進めていきます

動画編集のキホンの流れ

撮影した動画素材を整理しよう

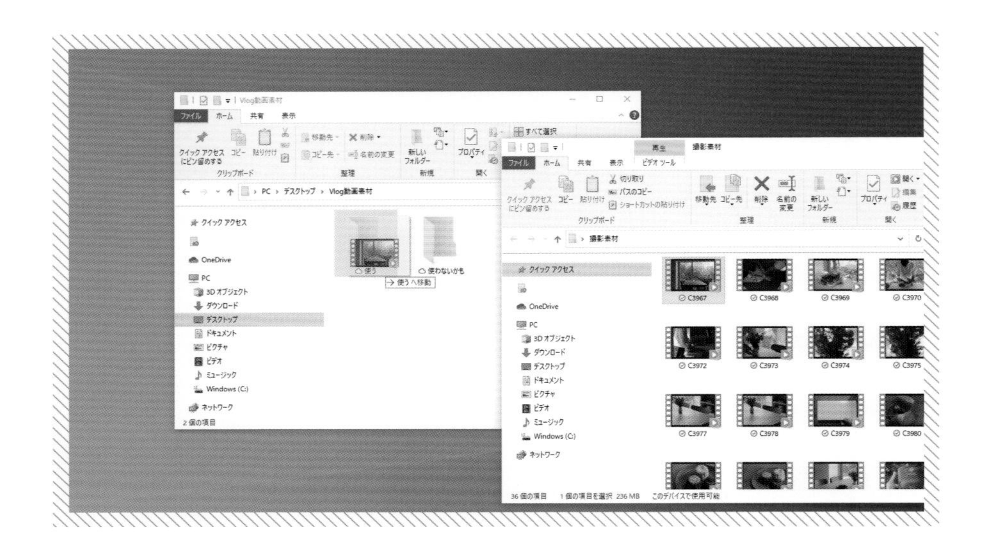

Point

動画素材を「使う」「使わないかも」に分ける

まずは撮影した動画素材をカメラからパソコンに取り込みましょう。素材データはファイル容量が大きいため、外付けのHDDやSSDに保存することをおすすめします。パソコンに取り込んだあとはそのまま編集……といきたいところですが、より効率よく編集作業を進めるために、この段階で「使う」と「使わないかも」という2種類のフォルダに分けておくといいでしょう。

素材はHDDとSSDどちらに保存する?

HDDとSSDは、次のような用途で使い分けると良いでしょう。

【HDD】(ハード・ディスク・ドライブ)

・費用を抑えたい

・おもに自宅や事務所で使用し、あまり持ち歩かない

【SSD】(ソリッド・ステート・ドライブ)

・ファイルの読み込みを速くし効率的に作業したい

・外出先でも作業したいので小さくて壊れにくいほうが良い

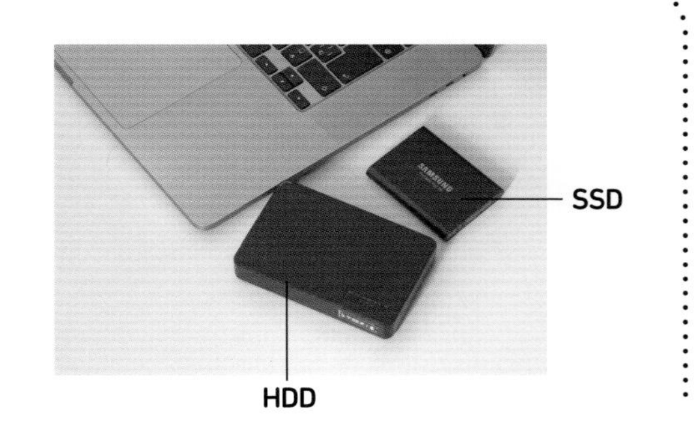
SSD
HDD

How to

1

動画素材データを取り込む

撮影したカメラのSDカードから動画素材をパソコンに取り込む。

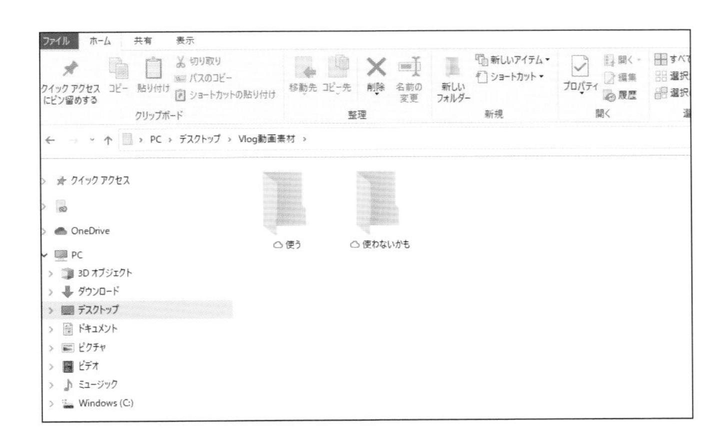

2

フォルダをつくる

まず「〜の動画素材」などわかりやすいフォルダ名をつけたフォルダをつくり、さらにその中で「使う」「使わないかも」の2つのフォルダをつくる。

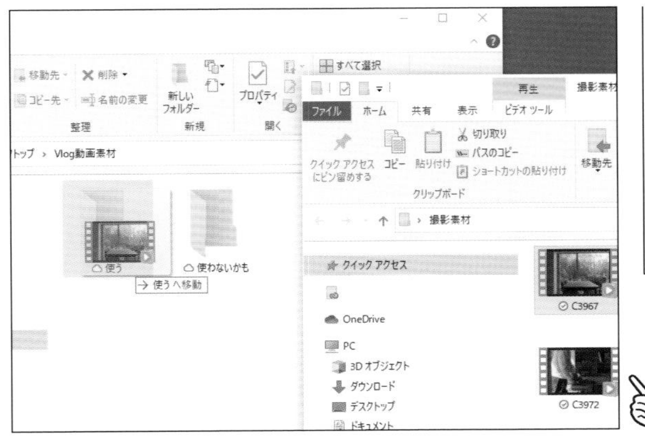

細かく考えずに、ざっくり分けるだけでOK

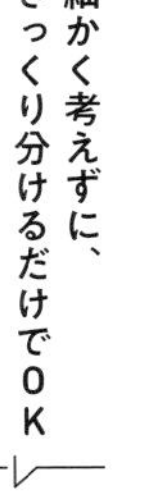

3

素材を「使う」「使わないかも」に分ける

取り込んだ素材を1つ1つプレビューしながら、2つのフォルダに分類していく。どちらか迷ったら「使う」に入れておこう。

STEP 1 素材の準備

動画に合ったBGMを選ぼう

Point

音楽素材も編集前に用意しておこう

編集作業を始める前に、動画素材や写真、音楽など必要な素材はできるだけ用意しておくと作業がスムーズです。とくにBGMは動画の雰囲気を決定づける重要な素材なので、編集作業前にじっくりと選んでおきましょう。BGMは音楽サイトからダウンロードして使うのがおすすめです。

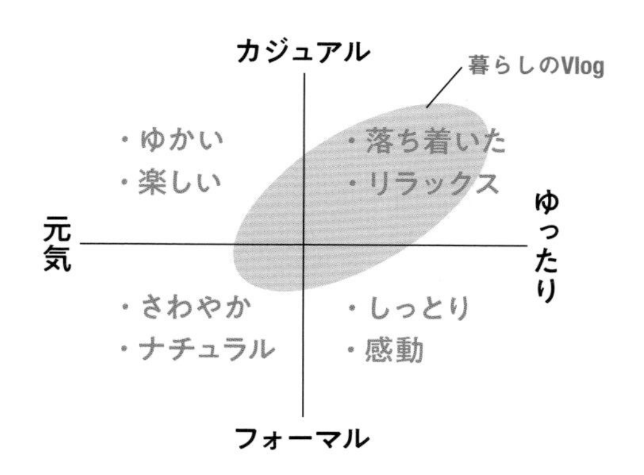

曲選びのイメージ

どんな曲を使えばいいか迷ったら、左のポジショニングマップを参考に！ たとえば暮らしのVlogなら、「カジュアルでゆったり」した雰囲気にしたいので、「落ち着いた」「リラックス」などのキーワードを検索。ペットVlogなら「カジュアルで元気」にしたいので、「ゆかい」「楽しい」などのキーワードで検索するといった具合です。

おすすめ楽曲ダウンロードサイト

BGMは好きなアーティストの楽曲を使いたいところですが、使用料を支払って使わないと著作権侵害になる可能性も！　商用利用の動画でなくても、動画制作で使用可能な楽曲サイトからダウンロードした音楽素材を使いましょう。僕もよく使うおすすめのダウンロードサイトを紹介します。

無料サイト

DOVA-SYNDROME

10,000曲以上の楽曲や効果音から選んで使用できる。楽曲の特徴を細かく指定して検索でき、楽曲をスムーズに探すことができる。

甘茶の音楽工房

500曲以上の音楽素材から選んで使うことができる。「コミカル」「しみじみ」などイメージから素材を探せる。

効果音ラボ

無料の効果音サイト。2,400音以上の音源が掲載されている。品質が高く、テレビ番組などプロの音響現場でも使われている本格派。

YouTube オーディオライブラリ

YouTubeのチャンネルをもっている人なら誰でも使える。使用料無料で使える音楽と効果音が揃っている。

魔王魂

森田交一さん作の歌もの曲やゲーム音楽を無料ダウンロードできる。

【注意！】使用許諾範囲はサイトによって異なります。用途によっては使用不可となる場合もありますので、素材を使用する前に必ず利用規約を確認してください。

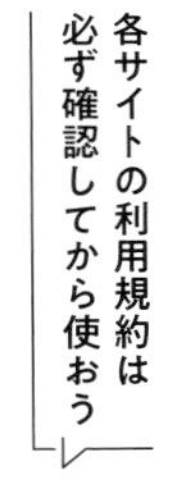

有料サイト

Artlist

僕が一番よく使うサブスク型の音楽配信サイト。動画制作会社なども利用しており、テレビCMでArtlistの曲が使われていることも多い。楽曲検索もしやすくジャンルも豊富なため、BGM選定がスムーズ。

Epidemic Sound

ロイヤリティーフリーの業務用音楽ライブラリ。楽曲数40,000以上、効果音数90,000以上が用意されている。圧倒的なボリュームであらゆる映像作品の音楽ニーズに対応しており、新しい素材のリリースもハイペース。

ダウンロードした楽曲は動画素材と同じフォルダに入れる

楽曲をダウンロードしたら、作成する動画素材と同じフォルダ内に「BGM」などと名前をつけてフォルダとつくり、まとめておきましょう。あとあと探しやすくなります。

新規プロジェクトを立ち上げよう

Point

まずは言語や保存の形式を設定する

動画や音楽などの素材を準備したら、いよいよDaVinci Resolveを立ち上げて編集作業を行っていきます。新規プロジェクトを立ち上げ、言語や保存形式等の設定をしておきましょう。言語は日本語表示に設定します。保存の形式は急にソフトが落ちてしまったときのバックアップの設定です。せっかくつくった動画のプロジェクトが消えてしまった！という失敗を防ぐために必須です。

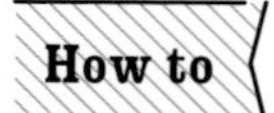

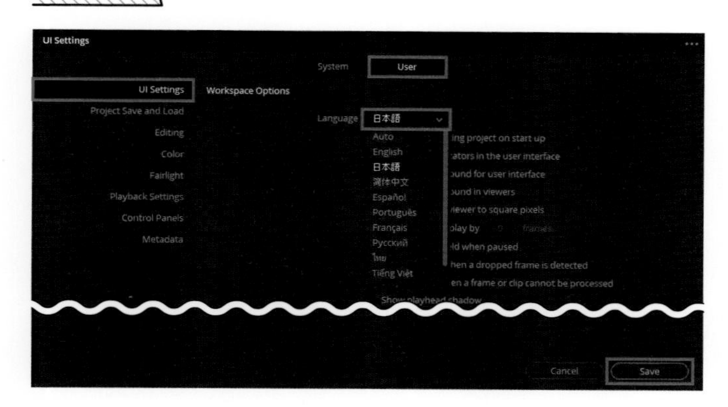

1 日本語表示にする

DaVinci Resolveをインストールすると、デフォルト設定は英語表示。日本語表記にするには、メニューバーの「DaVinci Resolve」→「Preferences...」を選択し、「User」→「Language」で言語を「日本語」に変更して「Save」をクリック。再起動すると、日本語表示になる。

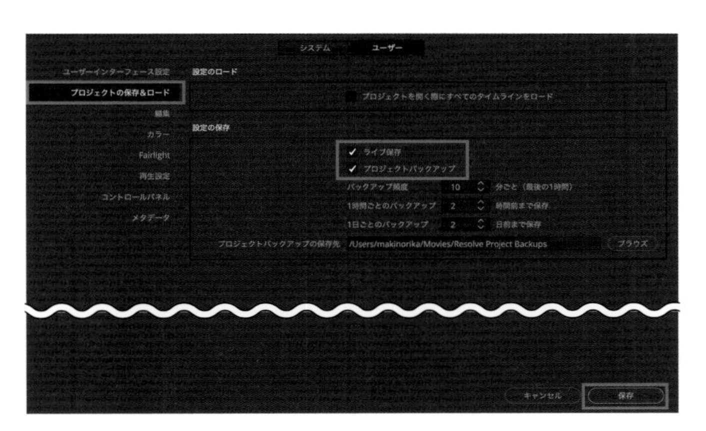

2

保存形式を設定する

次に、「プロジェクトの保存＆ロード」をクリックし、「ライブ保存」と「プロジェクトバックアップ」にチェックをつけておく。「保存」をクリック。

編集データが消えた！
という失敗も
なくなるよ

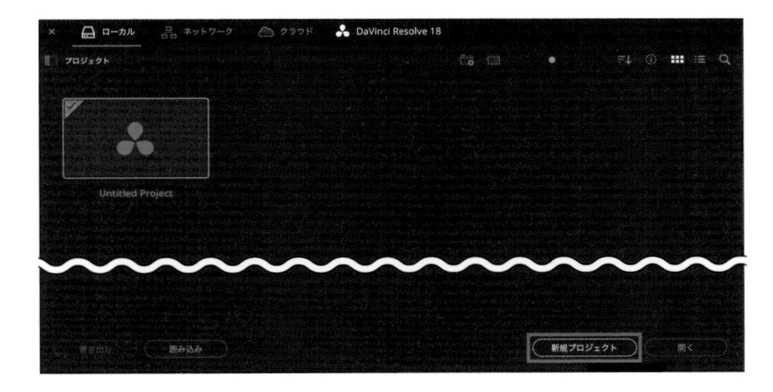

新規プロジェクトを作成する

言語と保存の形式の設定が終わったら、画面右下の「新規プロジェクト」をクリックする。

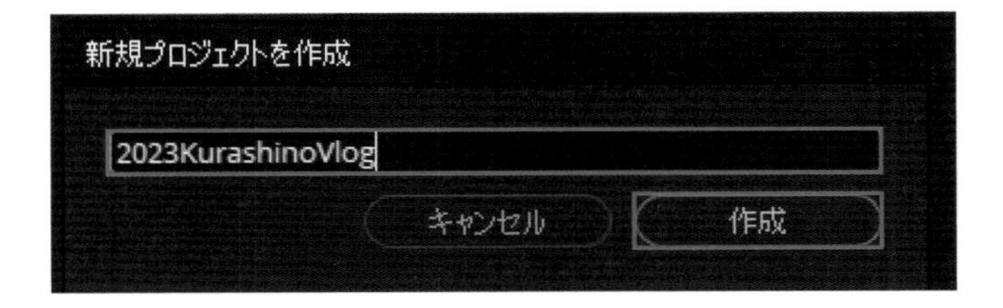

動画のタイトルを入力する

これから作成する動画のタイトルを入力して「作成」をクリックする。自分がわかりやすいタイトルにしておこう。

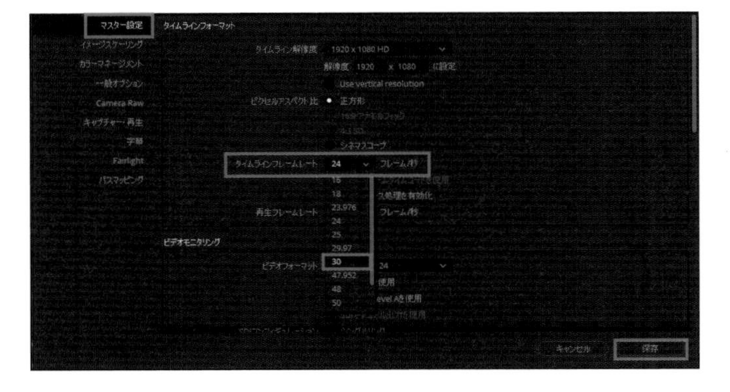

5

フレームレートを設定する

最初に動画のフレームレートを設定。P.19で説明した通り、違和感なく見れる「30fps」にするのがおすすめ（映画のような質感にしたい場合は「24fps」）。画面右下のアイコンから「プロジェクト設定」を開き、「マスター設定」の「タイムラインフレームレート」のプルダウンをクリックして数値を設定し、「保存」をクリックして適用。

STEP 2 クリップ調整

動画素材を作業画面に並べてみよう

Point

完成動画をイメージしてタイムラインに並べよう

動画素材をプロジェクトに入れていきます。まず動画素材を、プランシートに書いた順番を元にタイムライン上に並べてみましょう。動画の全体像を把握するためにもランダムな順番で置かないようにしましょう。

66 素材用とタイムライン用の２つビューア

左画面は素材の元の状態を確認するソースビューア。メディアプールやタイムライン上の素材をダブルクリックすると反映されます。右画面はタイムラインを確認できるビューアです。タイムライン上に素材を置くと反映されます。右上の「インスペクタ」などのパネルを開くとどちらか1画面の表示になるので、タイムラインビューアをクリックして選択表示しておくのが便利。「インスペクタ」などのパネルを閉じて下部にあるアイコンから1画面か2画面かの切り替えもできる(右下画像)。

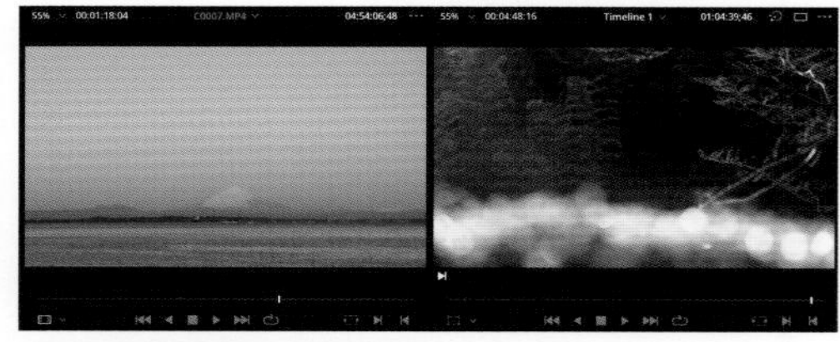

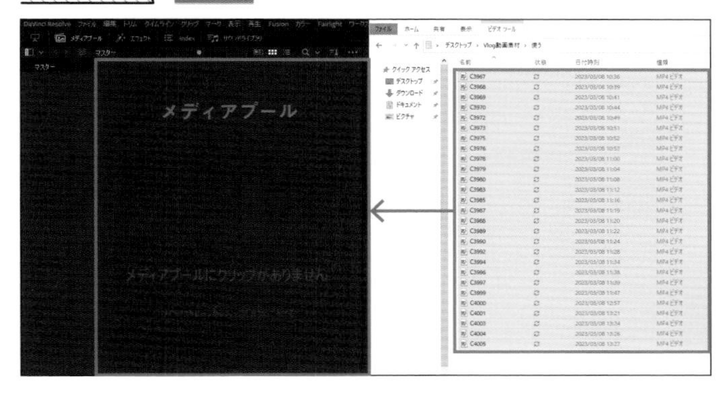

1 メディアプールに動画素材を取り込む

エディットページを選択し、「使う」フォルダに分けた動画素材をDavinci Resolveに取り込む。動画素材をすべて選択して左上の「メディアプール」にドラッグする。その際、下記のアラートが出たら「変更しない」を選択。

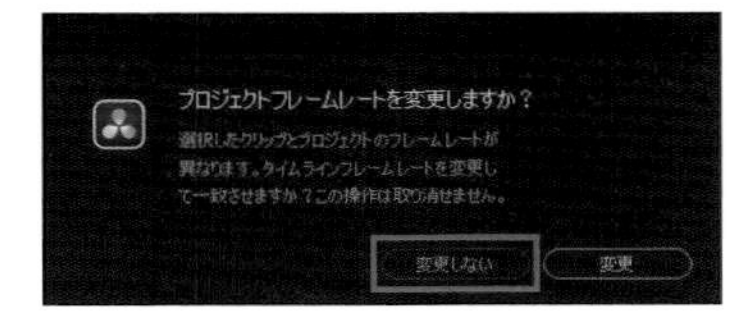

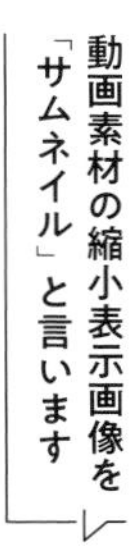

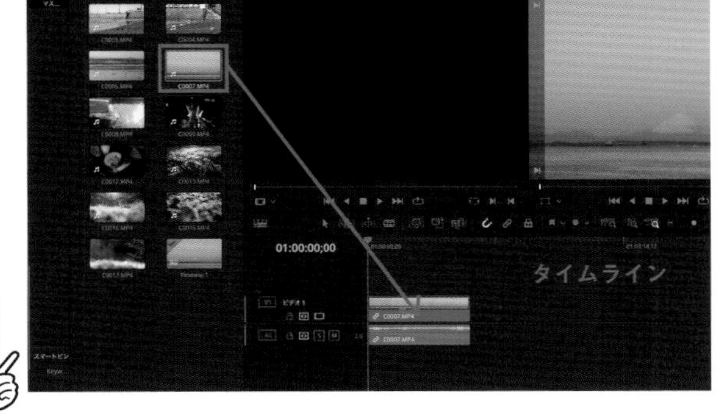

2 タイムラインに動画素材を入れる

メディアプールに表示された動画素材をドラッグしてタイムラインに入れる。
メディアプールの動画素材をタイムラインに入れると、「Timeline 1」という新しいタイムラインのファイルが生成される。このファイルは複製したり、別のプロジェクトからコピーして使ったり、削除することが可能。

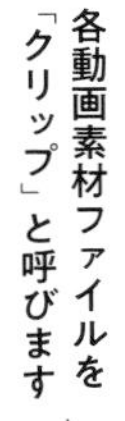

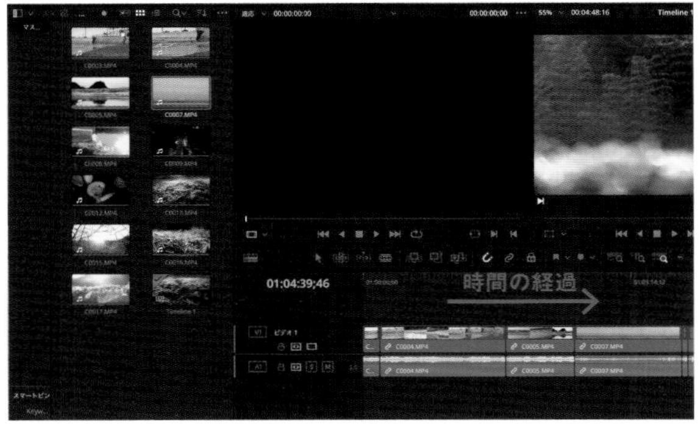

3 使う動画素材をすべて並べる

タイムラインは左端が動画開始の位置、右側にいくほど時間が経過する形になっている。プランシートを確認し、順番に動画素材を並べていく。

STEP 2 クリップ調整

動画素材のいらない部分を削除しよう

Point

なるべく短くカットしてテンポのいい動画に

動画を飽きずに最後まで見てもらうためには、何よりテンポが大切です。撮影した素材をそのまままつなげただけでは、間延びして退屈な動画になってしまいます。飽きずに見てもらうために、見せたい部分だけを残し、余分な部分を思い切って削除していきましょう。また、BGMのリズムやタイミングに合わせてカットするのもおすすめ。リズミカルで心地良い動画になります。

カットの2種類の方法

カットには2種類の方法があります。1つは分割していらないほうを削除する方法、もう1つはクリップの先頭か最後尾を縮める方法です。ここでは前者の手順をご紹介していきます。前者の方法ならカットの場所を増やすことで、不要な部分をピンポイントで削除することができます。

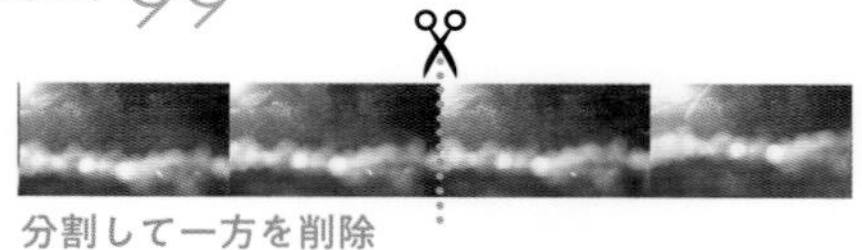
分割して一方を削除

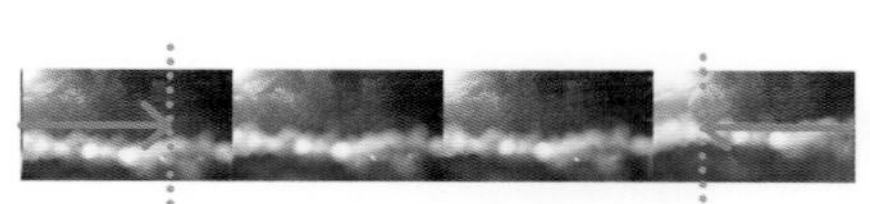
クリップの先頭または最後尾を縮める

How to 

1 カットしたい部分まで再生ヘッドを移動する

エディットページで、タイムライン中央の再生ヘッドをカットしたい部分にくるようにスライドさせる。矢印キー[←][→]を使うと1フレームずつ細かく移動ができる。

2 動画素材を2分割する

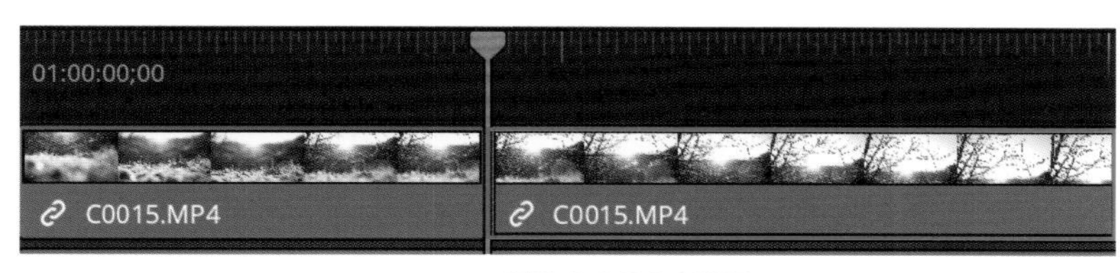

削除する部分を選択

「Ctrl(command)」+「B」を押すと分割される。削除する部分を選択。

3 カットしたい部分を削除する

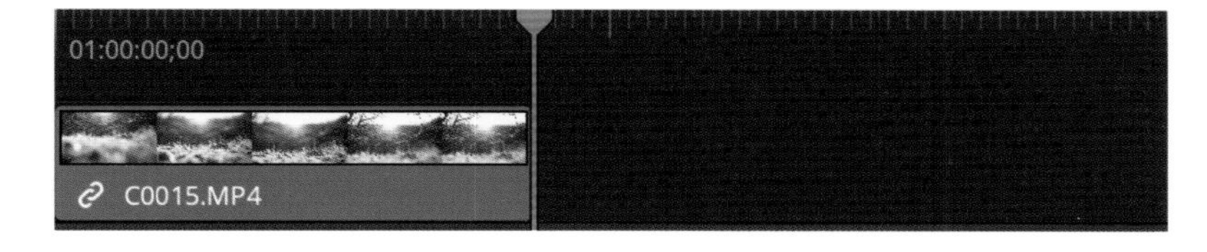

「Backspace(Delete)」を押すと選択したほうが削除される。素材の中間をカットしたい場合はカットしたい部分の前と後ろのポイントでそれぞれ分割をしてから、中間部分を削除。

4 余白を削除する

カットして余白が残った場合、その余白を「リップル」と言う。必要ない場合はリップルを選択して「Backspace(Delete)」キーで削除すれば消える。

もしカット箇所に迷ったら…

「ここの部分は使うかな？使わないかな？」と迷ったときは、ひとまず残しておき、編集が進んだ段階で再度考えるようにしてもOKです。迷って手が止まり、編集が進まず飽きてやめてしまった……ということのないように。また、一度カットしてもクリップを伸ばせば復活することができます。

STEP 2 クリップ調整

素材ごとの画角を整えよう

Point

歪みや傾きを整えて見やすい動画に

水平・垂直がきちんととれていなかったり、画角に無駄な余白があって構図が整っていない映像は、そういった乱れに目がいって、見てほしい内容が伝わりにくくなってしまいます。できるだけ映像上の違和感をなくすために編集時で歪みや傾き、余白を整えておきましょう。

1

「回転の角度」で水平・垂直を調整する

エディットページを選択し、調整したいクリップを選択。ビューアで確認しながら調整するため、選択したクリップの上に再生ヘッドを合わせる。右上の「インスペクタ」→ビデオ内の「変形」→「回転の角度」のスライダーで角度を調整する。

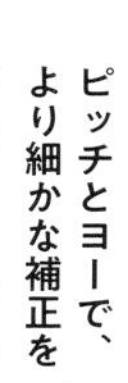

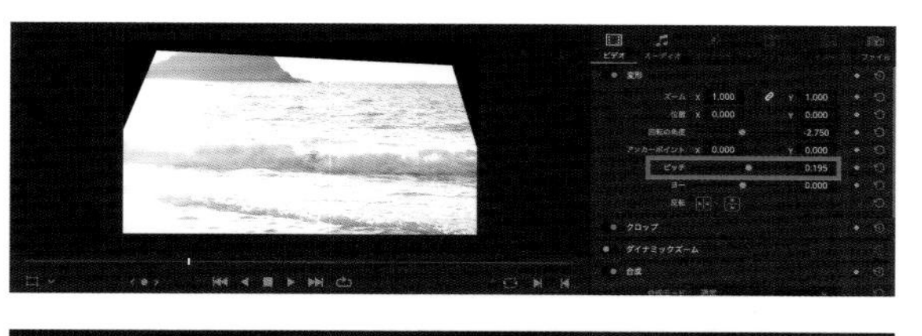

2

上下左右の傾きを調整する

上、下に角度がついているときは「ピッチ」、左右に傾いているときは「ヨー」で調整する。ピッチは水平方向の上下、ヨーは垂直方向の左右で調整することができる。

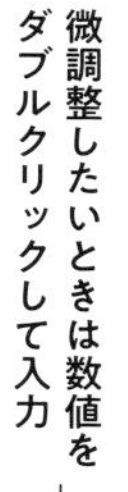

3

ズームして余白を埋める

回転すると余白ができるので、「ズーム」や「位置」を調整し、画面いっぱいに素材を広げる。数値の部分をクリックしたまま上下左右に動かして調整する。

あえて傾きを取り入れることも

基本的には水平垂直はしっかり整えたほうがいいのですが、ミュージックビデオやシネマティックな動画ではあえて傾きを取り入れて躍動感やダイナミックさを表現することも。イメージに従って意図的に傾けるのはよいのですが、「傾いてしまった」「微妙に曲がっている」撮り方はできるだけ注意しましょう。

STEP 2 クリップ調整

再生スピードを調整しよう

Point

手ブレ調整や没入感のアップに効果的

動画の再生速度を変えると、普段、人が目で見ているスピードとは違った見え方になるので、より動画の世界観に引き込みやすくなります。また、速度を遅くすると画面全体の動きがスローになるため、手ブレが少し落ち着いて見えるという効果も。ここではクリップの帯の長さが変わることで視覚的に速度変化をとらえやすい「リタイムコントロール」という方法を紹介します。

1

速度を変更したいクリップを選択する

エディットページを開き、速度を変更したいクリップを選択する。

2

「リタイムコントロール」を表示する

クリップを選択し右クリックして表示される画面で「リタイムコントロール」を選択する。[Ctrl(command)] + [R] キーを押しても同様にできる。速度表示のパーセントは「100%」が元の速度となる。101%以上の数値が速くなり、99%以下の数値は遅くなる。

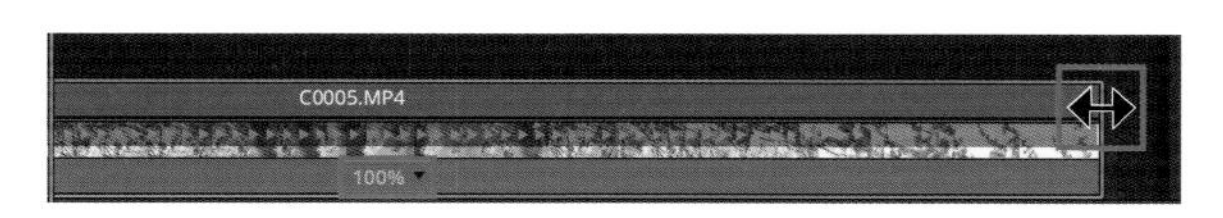

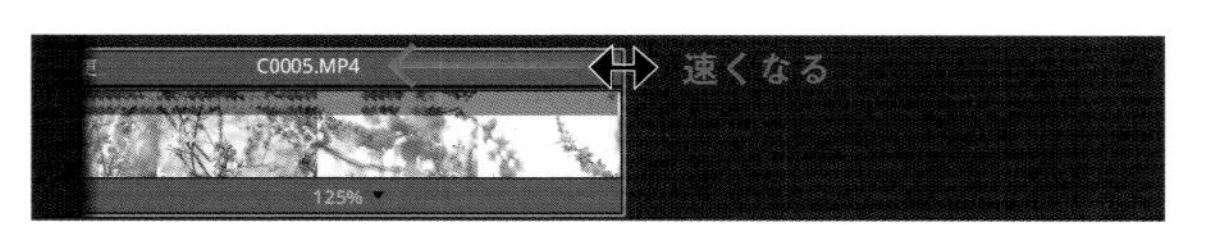

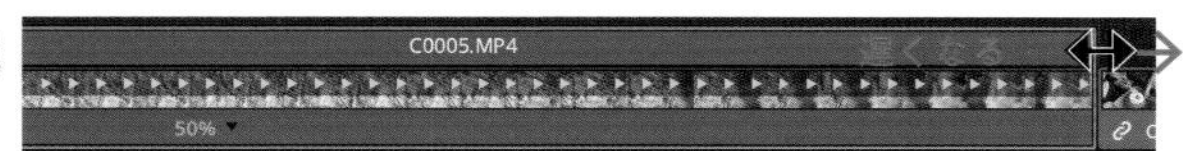

スローの場合は黄色、それ以外は青の矢印となる

3

矢印を調整して速度を変える

ポインタを右端または左端に置くと、矢印が表示される。矢印をクリックして横に移動すると速度を変えられる。左に動かしてクリップの帯を短くすると、101%以上の数値になり速く、右に動かして長い帯にすると99%以下の数値でスローになる。

速度調整の注意点

速度調整は便利な手法ですが、シーンの切り替えや手ブレが気になるところなど、ポイントを絞って使うようにするのがいいでしょう。右記で注意点を紹介します。

<30fps以下にならない速度設定を>
スローの場合は、動画がカクカクとなめらかでなくならないよう調整後のフレームレートが30fps以下にならないことを目安にしましょう。たとえば60fpsの設定で撮影をした場合は「50%」よりも遅いスピードにすると半分の30fps未満になり、カクカクして粗くなってしまいます。

<多用すると不自然になる>
日常的なシーンで何度も早送りをしたりすると、世界観が壊れ、チープな印象になりがち。せっかく撮ったものが台無しにならないよう注意しましょう。

STEP 2 クリップ調整

画面揺れになる手ブレを補正しよう

Point

スタビライズで手ブレをなかったことに！

カメラを三脚に固定させた撮影では手ブレを防ぐことができますが、手持ちの場合はどうしても手ブレが起きてしまいがち。そこで便利なのが「スタビライゼーション」と呼ばれるエフェクトです。素材を選んでクリックするだけで、自動で手ブレの程度を判断して軽減してくれます。

How to

1 「スタビライゼーション」のタブを展開する

エディットページのタイムライン上で補正したいクリップを選択し、再生ヘッドを調整したいクリップの上に移動。右上の「インスペクタ」→ビデオ内「スタビライゼーション」をクリックして展開する。

2

「スタビライズ」ボタンを押す

「スタビライゼーション」内の「スタビライズ」を押すと、素材の手ブレを自動分析して補正する。

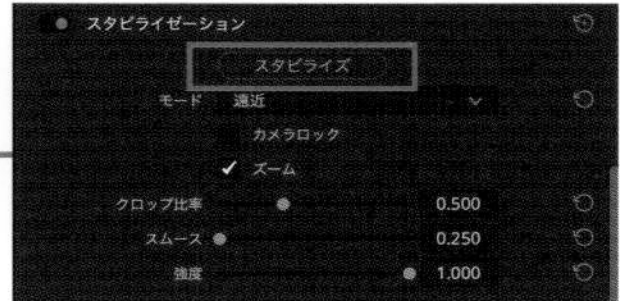

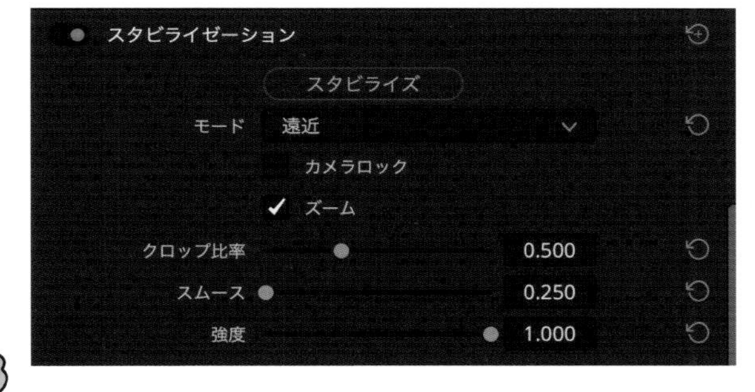

不自然な映像にならないように注意

細かい調整をする

2で行なった補正に違和感がある場合には、「クロップ比率」「スムース」「強度」のつまみを適宜動かし、整えていく。調整後は再度「スタビライズ」を押さないと効果が反映されないので注意！

完全に手ブレをなくしたい場合は「カメラロック」

動画の見せ方によっては、「手持ちで撮ったけど、全く動かない定点動画として使いたい」という場面もあるでしょう。そんなときは「スタビライゼーション」のタブ内にある「カメラロック」にチェックを入れると定点化できます。

エフェクトでクオリティアップ

Point

場面切り替えはトランジションでかっこよく！

カットした動画素材をただ並べただけだと、素材によっては切り替えが唐突で、流れを妨げることがあります。エフェクトをかけることでなめらかにつなげるなど、よりクオリティの高い動画に仕上げることができます。DaVinci Resolveにはさまざまなエフェクトのテンプレートがありますが、ここではクリップとクリップをスムーズにつなげるトランジションの使い方を紹介します。

トランジションとは

動画の画面切り替え時のつなぎのエフェクト。動画の中のセクションの変わり目や強調したい箇所にトランジションを使うことで、動画を飽きずに視聴してもらいやすくなります。動画の雰囲気に合ったトランジションを使用して、動画の世界観を作り込みましょう。

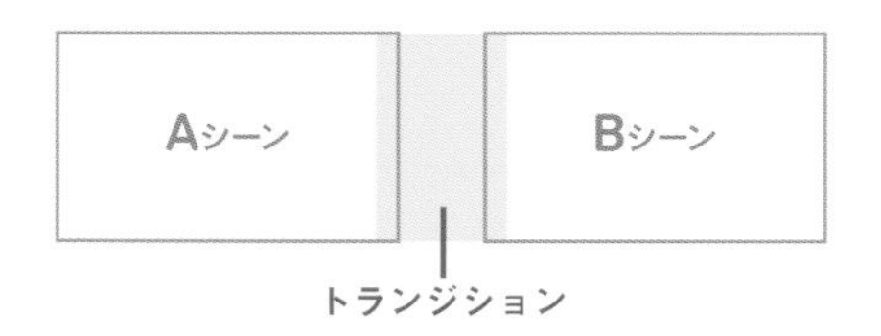

1

エフェクトタブを表示する

エディットページで、画面左上にある「エフェクト」をクリックして、エフェクトタブを表示する。

主なトランジションはP.58～で紹介！

2

トランジションを選択する

下部の「ツールボックス」内の「ビデオトランジション」からトランジションの種類を選ぶ。ここでは「クロスディゾルブ」を選択。

適用されない場合はP.59のコラムを参照してください

3

トランジションをドラッグ&ドロップする

「クロスディゾルブ」をドラッグし、タイムラインの適用させたいクリップとクリップの境目にドロップする。このとき、前のクリップの始まりをカットしておく必要がある（詳細はP.59）。切り替えのトランジションエフェクトが適用される。

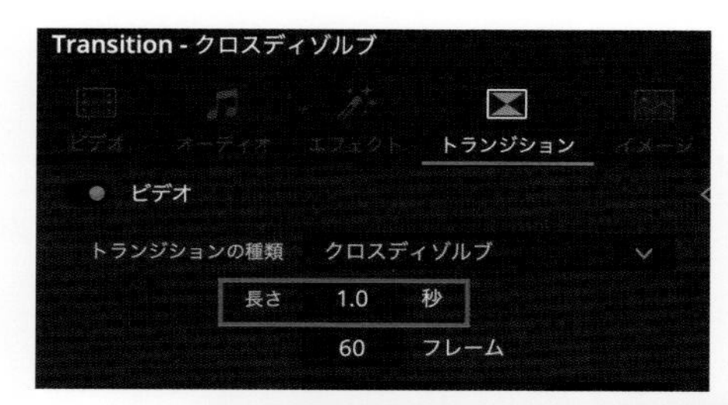

4

切り替えの効果がかかる秒数を調整する

クロスディゾルブの効果のかかった部分をクリックすると、右上の「インスペクタ」→トランジション内「ビデオ」で効果時間を調整できる。「長さ」の数値を大きくするほどゆっくりで落ち着いた切り替えに、値を小さくするほど速い切り替えに。「長さ」の数値をクリックして左右に動かすと数値を調整できる。もしくは効果が適用された囲みの端にカーソルを合わせると矢印が出るので、左右に動かすことでも調整可能。また、効果のかかった部分を右クリックすると削除を選択することもできます。

トランジションの種類

トランジションは、動画のオリジナリティやクオリティを高めるために取り入れたいエフェクトですが、使いすぎや雰囲気に合わないものを選ぶと、動画が安っぽく見えがちです。たとえば落ち着いた雰囲気の動画なら、動きが激しいトランジションは使用しないほうがいいでしょう。あくまで動画のスパイスとして捉えてください。以下におすすめのトランジションを紹介します。

クロスディゾルブ

前の素材の上に次の素材を重ねながら、徐々に不透明度を増して入れ替わっていく。シンプルで使いやすい。

カラーディップ

前の素材と次の素材の間を選んだ色でつなぐトランジション。イメージカラーがある場合、素材と素材の間にその色を入れてつなぐといった使い方ができる。色は、右上の「インスペクタ」→トランジション内「ビデオ」の「カラー」から変更可能。

トランジションを入れるときはカット編集を

トランジションの種類によりますが、トランジションをかけるクリップの終わり、始まりの部分をカット編集していないと、クリップに余白がない状態のため適用されません。見えない「のりしろ」をつくるイメージでカット編集しましょう。カットするのは1フレームだけでもOK。クリップの境目をクリックして右図のように赤だと素材を編集していない余白がない状態。カットして緑の状態にしましょう。

スムースカット

前の素材と次の素材を滑らかに移行するトランジション。同じような構図同士の間で使うと、素材の切れ目を感じさせずに自然なつなぎができる。

Zoom In

前の素材から次の素材にズームして移行するトランジション。奥行きを表現できる。前方に動いている素材に使うと素材の中に入り込んだような効果も。

Slide

前の素材と次の素材をスライドして移行できるトランジション。上下左右で効果を選べる。控えめな動きで少し小洒落た感じを出したいときにおすすめ。

Circles

前の素材と次の素材を円のアニメーションでつなぐトランジション。アニメーションのように見えるので、ポップな雰囲気や子ども向け動画にピッタリ。

ジェネレーターでつくる簡易トランジション

ジェネレーターの「単色」をフェードインすることで、動画がフェードアウトしていくようなトランジションのように見せることもできます。左上の「エフェクト」→「ジェネレーター」→「単色」を選択し、タイムラインのクリップの上段にドラッグ＆ドロップ。右上の「インスペクタ」で表示される「ジェネレーターの「カラー」の右横の四角をクリックして色を選びます。単色をクリップの最後の位置に配置し、左側のフェダーハンドルを右にスライドさせ、色を徐々に被せるフェードインにします。

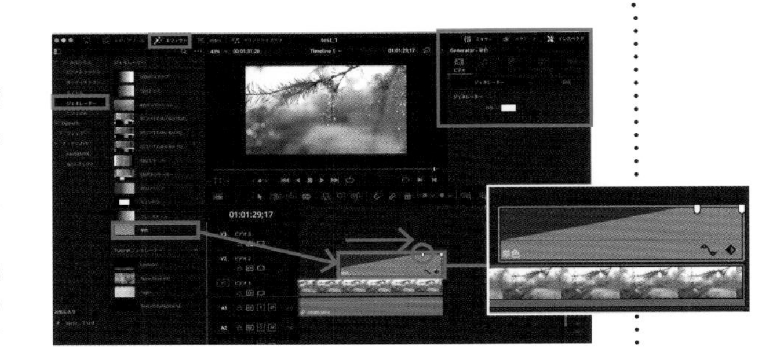

音の調整をしよう

Point

動画内の音声とBGMの音量バランスを調整

雑音が入っていたり、イメージビデオっぽく仕上げたいときなどは、映像内の音を消しましょう。また、BGMを重ねる場合はどちらかの音を小さく調整します。音量の調整は、カットページ、エディットページ、Fairlightページでも行えます。いずれも「インスペクタ」の「オーディオ」タブでボリューム調整をします。ここではエディットページで音の調整をしていきましょう。

音が出ないときは.....

プレビューをしてもDaVinci Resolve上で音が出ないときは、編集画面の音量が「0」になっていないか確認しましょう。その他、パソコン側の音量が消音になっていませんか？DaVinci Resolveを再起動したら直った、ということもあるようです。

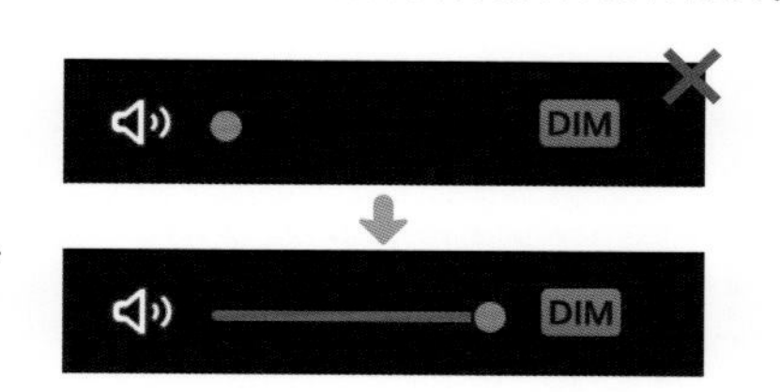

1

ボリュームを調整する

音を大きくしたり、小さくしたりするには、「インスペクタ」→「オーディオ」で表示される画面の「ボリューム」スライダーを左右に動かす。音声調整をしたいクリップをタイムライン上で選択した状態で、ボリュームを右にスライドすると大きく、左にスライドすると小さくなる。

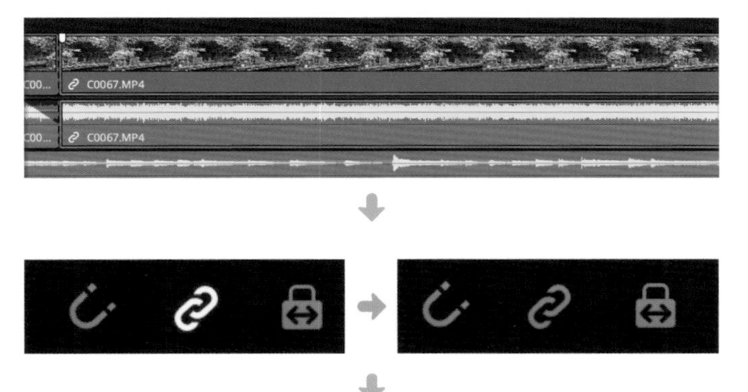

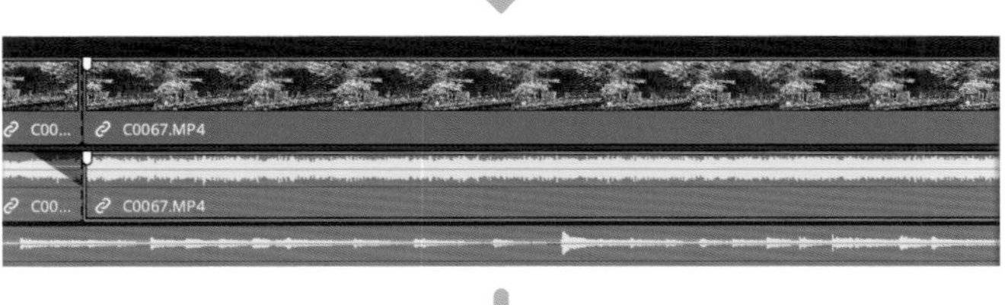

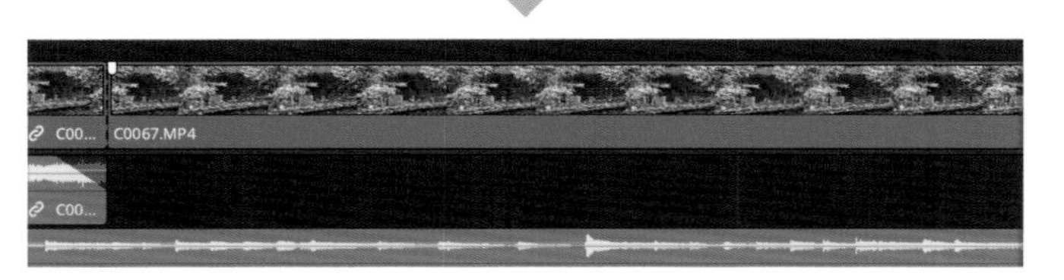

2

音を削除する

音声トラックだけを消す場合は、映像と音声を切り離す必要がある。音声を消したいクリップを選択し、画面中央のタイムラインの上に表示されているクリップのマークをクリックしてグレーアウトするとリンクが解除されるので、音声トラックのみを選択して[Backspace(Delete)] で消す。

Point

BGMをつけてみよう

BGMは1つの動画で1曲という決まりはなく、シーンに合わせて複数の曲を使ったほうがメリハリがつきます。シーンごとにいくつか候補を用意しておくとスムーズです。全シーンに曲を流すのではなく、あえてBGMをつけずに映像内の音を活かすのも印象的な構成になります。

1

BGMをタイムラインに入れる

ダウンロードしたBGMファイルはあらかじめ「使う」フォルダに入れておく(P.43)。フォルダを開き、BGMをメディアプールに入れ、タイムラインのクリップの音声の下の段にBGMファイルをドラッグ&ドロップする。

2

音量を調節する

タイムライン上のBGMを選択した状態で、右上の「インスペクタ」→オーディオ内の「ボリューム」を調整してちょうどいい大きさにする。

3

フェードイン／アウトを入れる

徐々に音を大きくしたり、小さくしたりする「フェードイン・フェードアウト」は、タイムライン上で簡単にできる。白いフェダーハンドルにカーソルを合わせるとポインタが◁▷に変化するので、フェードをかけたい範囲までドラッグする。

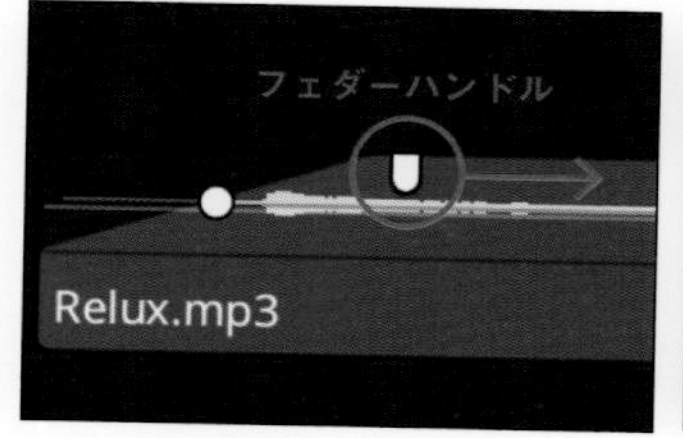

フェードイン

フェードアウト

Point

ナレーションを入れてみよう

動画の中で足りない情報は、あとからナレーションで補足します。僕はそのときに感じたことや感想をあとから入れたりします。会社のPR動画などしっかり伝えるものは原稿を書いて準備をしたほうがいいですが、YouTube動画やVlogなら、作り込みすぎずラフなナレーションがおすすめ。

How to

1 話す内容を考える

編集がだいたい終わったら、一連の流れを確認しながら何をどのタイミングで話すかを考える。

2 録音する

一番簡単な録音方法は、スマホにマイクをつけて音声録音すること。僕のおすすめは、カメラで録画し、編集ソフト内で映像と音声を切り離して音声だけを使用する方法。また、パソコン上で録音できるマイクなどを使うとよりクオリティを高められる。

3 ナレーション素材をタイムラインに入れる

録音した音声データをパソコンに取り込み、メディアプールに入れる。タイムライン上のナレーションを入れたい位置の一番の下の段にドラッグ＆ドロップする。カメラで録画した場合は、P.63の方法で映像のみを切り離し削除する。

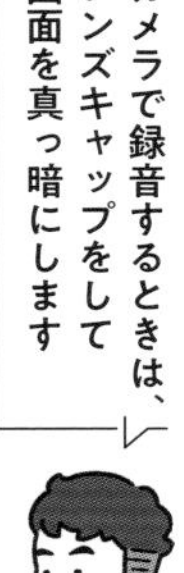

カメラで録音するときは、レンズキャップをして画面を真っ暗にします

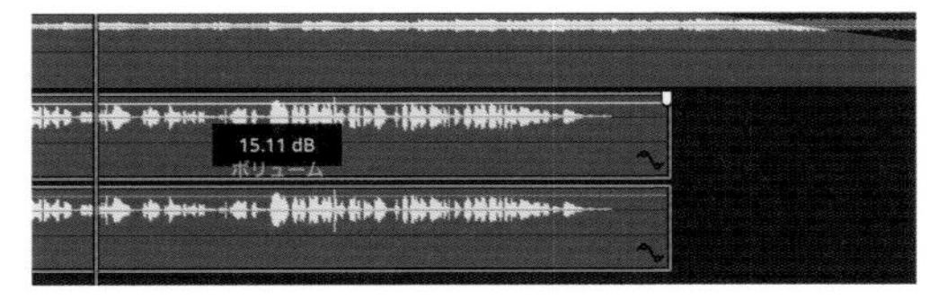

4 他の音とのバランスを調整

BGMや動画内の音声とのバランスを見ながら、ナレーション素材の位置と音量を調整する。

STEP 5 明るさや色の調整

色味を整えよう

Point

全体の色味を統一させて違和感をなくす

シーンごとに色味が違って違和感が出ないよう、動画全体の明るさや色味を整えることは、大切な作業です。今回は、カラー画面の「プライマリー・カラーホイール」を使って、簡単に「輝度」「彩度」「ホワイトバランス」「コントラスト」の4項目を調整する方法を解説します。輝度（明るさ）は「マスターホイール」、色味は彩度やコントラストなどの各種調整コントロールを使用します。

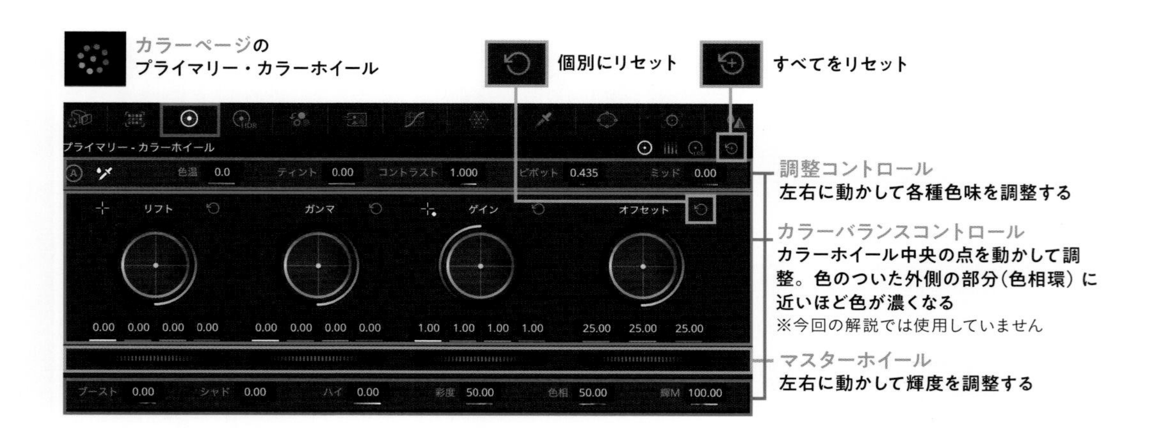

「輝度」「彩度」「ホワイトバランス」「コントラスト」の4項目は、それぞれ以下のような役割があります。

輝度

明るさの調整項目。明るい部分と暗い部分が混在している場合、白飛びを防ぐために暗めに撮りがち。まずは適正な明るさに調整します。
※「リフト／ガンマ／ゲイン／オフセット」で調整

彩度

彩度は色の鮮やかさや強さのことです。褪せた表現もありますが、まずは被写体が明るくしっかり見える彩度を確保して、心地良い映像にしましょう。
※「彩度」で調整

ホワイトバランス

白を基準に青みや黄色みのバランスを調整します。たとえば室内のナトリウム電球下で映すとオレンジ色が強いので、青み寄りに戻します。
※「色温／ティント」で調整

コントラスト

色のメリハリに関する項目。光量が少ない曇りや霞がかった天気など、被写体の輪郭が不明瞭で目立たないときはコントラストを上げて調整を。
※「コントラスト」で調整

How to  調整の前の準備

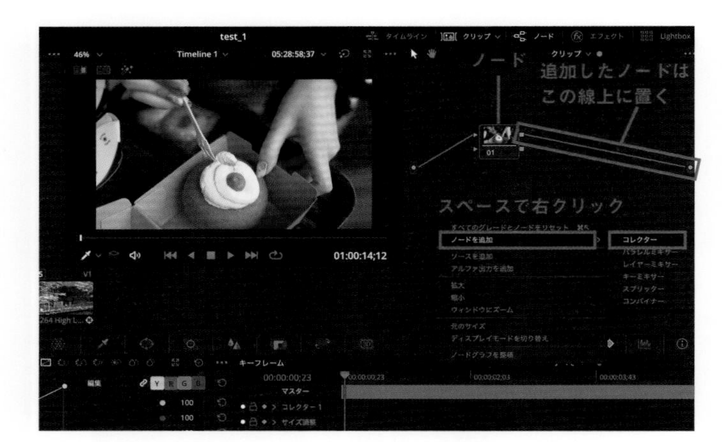

1

「コレクター」のノードを追加

調整する前に、「ノード」という、ここでは色調整の設定場となるものを4つ分つくる。カラーページを開いて右上の「クリップ」を表示。プレビュー画面下の部分で、調整するクリップを選択し、画面右上部の空いているスペースで右クリック。「ノードを追加」→「コレクター」を選ぶと、新しくノードがつくられる。端と端をつなぐ線上に新規ノードを移動し、ノード同士を線でつなぐ。

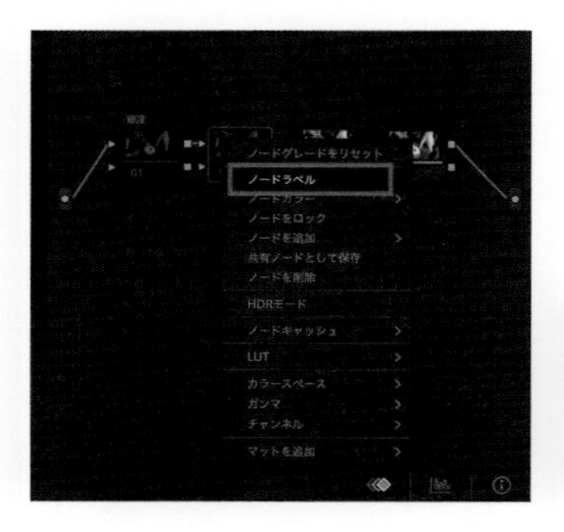

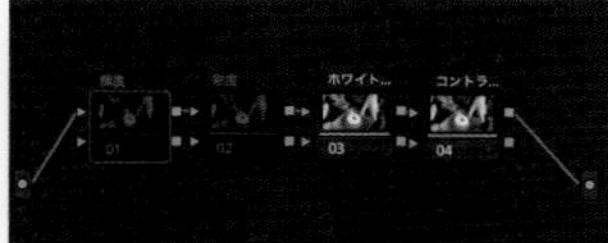

2

ノードを4つつくり ラベル名を入れる

1と同じ要領でノードを計4つつくる。つながることで各ノードで調整したものがレイヤーのように合わさって反映される。コレクターを右クリックし、「ノードラベル」を選択してラベル名をつける。それぞれ「輝度」「彩度」「ホワイトバランス」「コントラスト」と割り振る。

エリア別に明るさを調整する

輝度を調整する

2で作成した「輝度」のノードを選択する。画面左下部の「カラーホイール」をクリックし、「リフト」「ガンマ」「ゲイン」「オフセット」のダイヤルで各所の明るさを調整する。それぞれ以下の部分の明るさを調整することが可能。簡単な明るさ調整なら「オフセット」のみでOK。

- リフト：暗部
- ガンマ：中間
- ゲイン：明部
- オフセット：全体

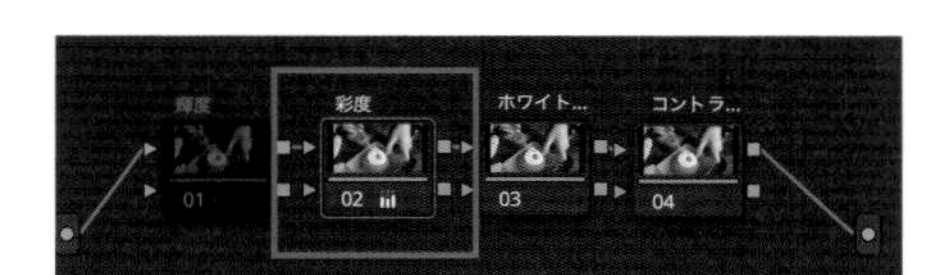
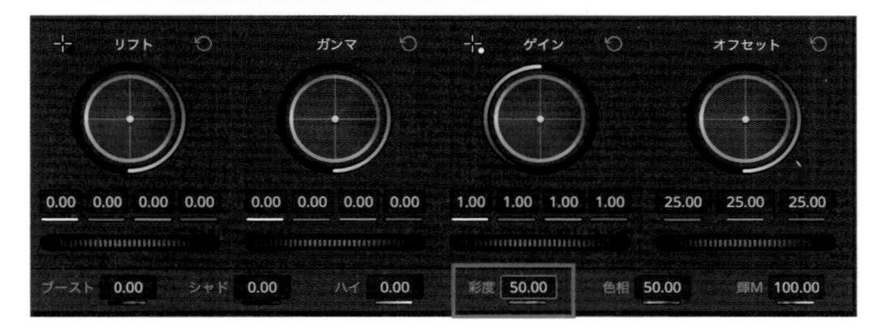

彩度を調整する

「彩度」のノードを選択し、画面左下部の「カラーホイール」の「彩度」の数値を調整する。ベースは「50.0」で、数値を上げると色の鮮やかさが強くなり、下げると弱くなる。

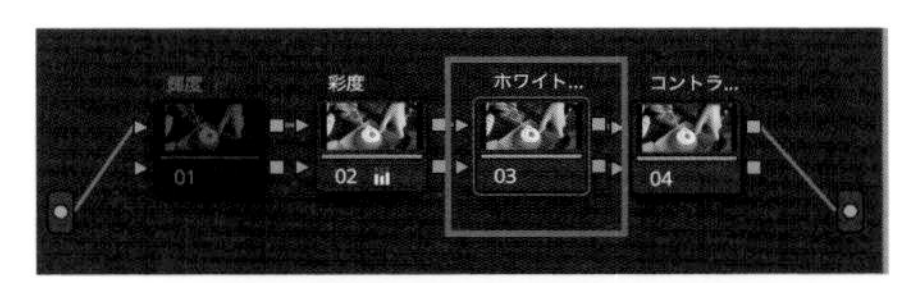
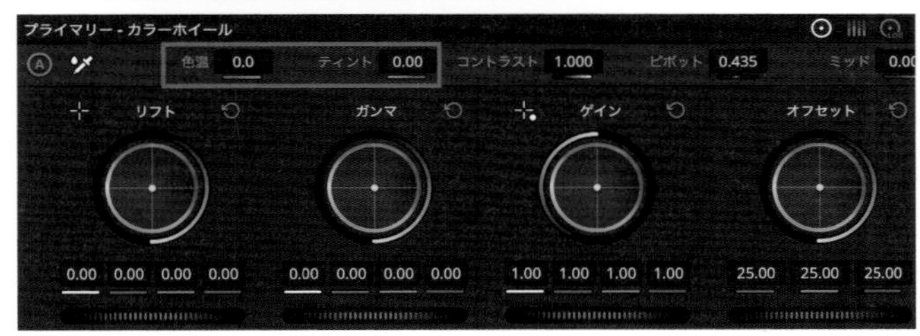

ホワイトバランスを調整する

「ホワイトバランス」のノードを選択し、「カラーホイール」の「色温」「ティント」を調整する。

・色温：素材の色温度をオレンジ（アンバー）寄りか青（ブルー）寄りかの2軸で調整
・ティント：素材の色味を緑（グリーン）寄りか赤（マゼンタ）寄りかの2軸で調整

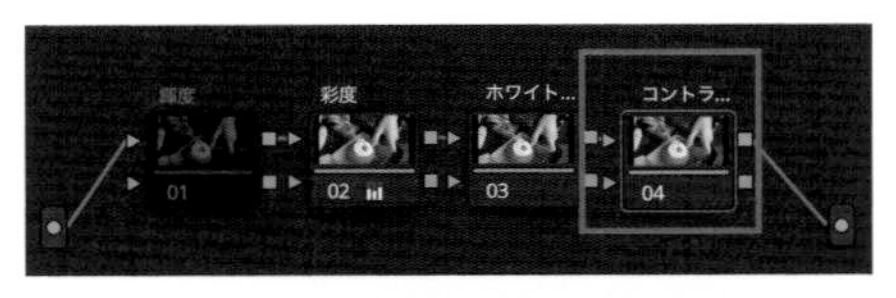
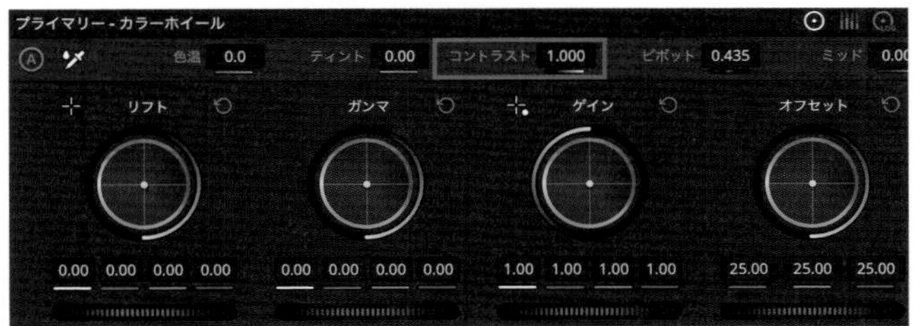

コントラストを調整する

「コントラスト」のコレクターを選択し、「カラーホイール」の「コントラスト」を調整する。ベースは「1.000」で、数値を上げるとコントラストが高くなり、下げると低くなる。

1つのノードに1作業で修正作業がしやすい

ノードを分けなくても修正作業はできます。しかし、あとで修正したくなったときに、輝度や彩度などの調整をすべてやり直さなければなりません。作業を分けることで、必要な工程だけ抜き出して調整することができます。

— STEP 6 / 文字入れ —

タイトルやテロップを入れよう

Point

文字を入れて作品性をアップしよう

動画にタイトルやテロップを入れると、撮ってそのままのものよりぐっと作品性が増します。動画の題名、映像を補足する字幕、お店や商品の詳細、登場人物の気持ち、強調したいことなどを入れてみましょう。ちなみに、動画ソフトでは「タイトル」「テロップ」「テキスト」「字幕」などさまざまな表記がありますが、Davinci Resolveでは全般的に「タイトル」と言います。

1

文字のテンプレートを選ぶ

エディットページを開き、左上の「エフェクト」→「タイトル」を表示し、使うテンプレートの種類を選ぶ。

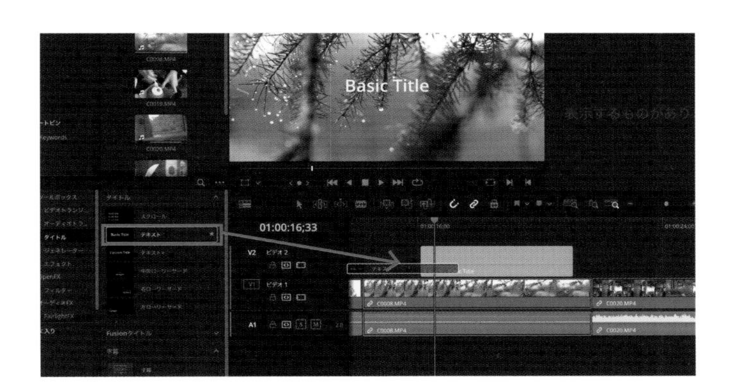

2

タイムラインに追加する

ここでは「テキスト」を選択。テキストをタイムライン上の入れたいクリップの上の段にドラッグ＆ドロップする。

フォントの設定をする

タイムライン上のタイトルを選択し、画面右上の「インスペクタ」→ビデオ内の「リッチテキスト」のスペースにテキストを打ち込む。さらに「フォント」「サイズ」「位置」などの項目を調整してバランスを整える。表示位置はプレビュー上の文字をクリックしても動かせる。

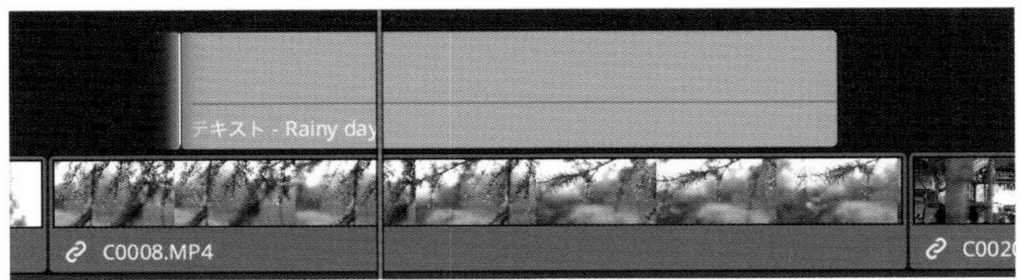

文字の表示時間を調整

画面に文字が表示される時間を調整する。テキストクリップの端にカーソルを移動すると緑色になるので、左右に動かして長さを調整する。

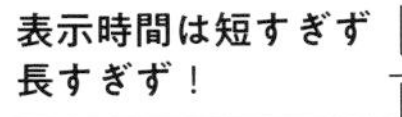

プレビュー画面で確認する

画面中央のプレビュー画面で再生し、反映されていればOK。

Point

動画の雰囲気に合ったフォントを選ぶ

映像に入る文字はデザイン性の高い部分。フォントのイメージで動画のイメージも大きく変わります。動画とミスマッチなフォントを入れると雰囲気良く仕上がらないので、意図に合った方向性のフォントを選ぶようにしましょう。最近ではおしゃれなフォントもたくさんあるので探してみてください。ここではベーシックなフォントと、僕がよく使うフォントをご紹介します。

まずは「明朝体」と「ゴシック体」を使い分ける

フォント選びに迷ったら、「明朝体」か「ゴシック体」のどちらかを選びましょう。癖のないベーシックなフォントなので映像が映えます。

チャンネル登録してね！

明朝体

（MS明朝／游明朝／ヒラギノ明朝など）

明朝体はとめ、はね、はらいのある日本的な書体。信頼性があり、繊細で落ち着いた印象を与える。

チャンネル登録してね！

ゴシック体

（MSゴシック／游ゴシック体／ヒラギノ角ゴシックなど）

ゴシック体は線の太さが一定で、フラットで堅実な印象。視認性が高く、見出しや説明文に向いている。

おすすめの日本語フォント

チャンネル登録してね！

筑紫A丸ゴシック

丸みが優しい雰囲気。さまざまなデザインで使用される汎用性の高いフォント。

チャンネル登録してね！

はんなり明朝

落ち着いたVlogやカフェ巡りなどの柔らかなイメージの動画に合うフォント。
※フリーフォント

チャンネル登録してね！

源ノ角ゴシック

ビジネス系動画に合う見やすいゴシックフォント。

チャンネル登録してね！

チャンネル登録してね！

けいふぉんと

エンタメ動画やポップな印象の動画にピッタリ。アニメのタイトルのロゴのようなフォント。

コーポレート・ロゴ

優しい印象のフォントで、女性がターゲットの動画やシンプルな編集に合うフォント。

1つの動画の中でいろんなフォントを使いすぎるとまとまらないので注意しよう

おすすめの英字フォント

Subscribe!!

SUBSCRIBE!!

SUBSCRIBE!!

Futura

幾何学形態を用いた上品なデザインのフォント。

Bebas Neue

すっきりとしつつインパクトのあるフォント。
※フリーフォント

Moon

線がやや細く、丸みのあるデザインのシンプルなフォント。
※フリーフォント

Subscribe!!

Kano

角張っているのになぜか柔らかな印象のシンプルなフォント。
※フリーフォント

装飾は控えめに。シンプルがかっこいい！

文字は好きな色にしたり、枠線や背景をつけたりといろいろな装飾ができます。でも、あまり奇抜なデザインにすると野暮ったくなり、文字だけ浮いてしまって動画の雰囲気を壊してしまいます。文字色は映像の中の1色から選んだり、白や黒、グレーなど無彩色を選ぶなど、できるだけシンプルで映像が活きる入れ方を意識しましょう。ピンクで赤い縁文字など、悪目立ちするフォントは避けたいですね。

STEP 7 プレビューで確認

途中経過をプレビューで確認しよう

Point

全画面プレビューでチェックし編集調整を

編集中の画面は表示が小さいので、全画面表示にして細部まで確認してみましょう。[Ctrl(command)] + [F] で表示できます。自分が動画の視聴者になった気持ちで見ると、ミスや改善箇所に気付きやすくなります。とくに以下の点についてチェックして、気になる部分は再調整を。

❶全てのシーンがキレイにつながる？

つながりが不自然になっていないかチェック。特に、クリップとクリップの間に空白があると黒い画面が入ってしまうことがあるので注意しよう。

❷画面の端が切れていない？

画角を調整する際、素材の大きさや位置を動かしたことで画面の端が切れて黒くなっていないか確認しよう。

❸文字の大きさは大丈夫？

「小さいかも？」と思った文字も全画面にしたら大きすぎたということがよくあります。

❹見て飽きない動画になっている？

視聴者が楽しめるテンポになっているか確認しよう。「長いな」と感じるシーンがあればカット編集で調整。

❺色味は揃ってる？

同じ環境で撮影した素材たちは、素材の色味を統一しよう。1つだけ色のテイストが違うなどしていないか確認を。

❻BGMや音声のバランスは良いか？

BGMが大きすぎて、聞かせたい音が小さくなっていないかなど、音声全体のバランスも意識してチェックしよう。

ダイジェスト動画をつくってみよう

Point

オープニングにダイジェストを入れる

全体の編集が終わったら、動画の見どころをまとめたオープニングをつくりましょう。オープニングがなくても動画は成立しますが、YouTubeやSNSなどに投稿して、より多くの視聴者に見てもらいたい場合は、オープニングで一気に興味を引くために本編のおすすめのシーンを選りすぐってダイジェスト版で見せると効果的です。新規でタイムラインを作成し、本編に入れます。

ダイジェスト

＋

本編

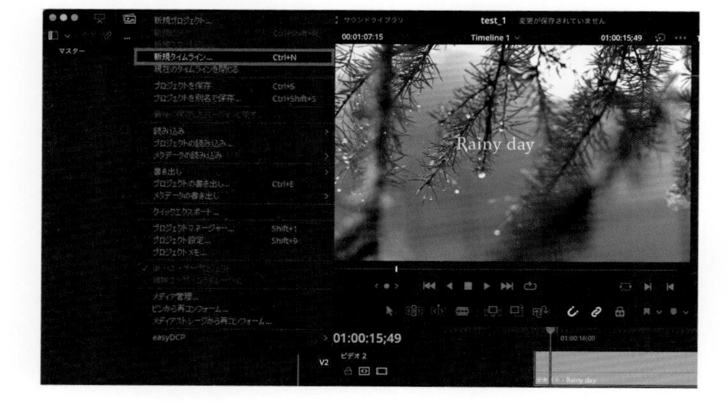

1

新規タイムラインを作成する

エディットページの画面左上部の「ファイル」から「新規タイムライン」を選択して本編とは別のタイムラインを作成する。

本編と素材が混同するので新規タイムラインで作業しよう

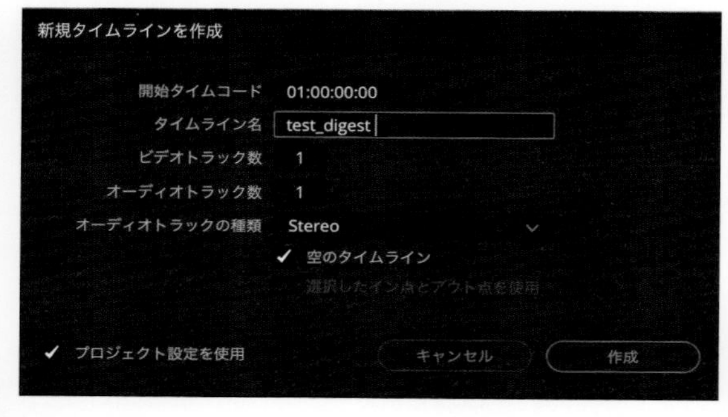

2

タイムライン名をつける

作成する新規タイムラインは本編と混同しないよう、オープンニングをつくる場所だということがわかる名前をつける。

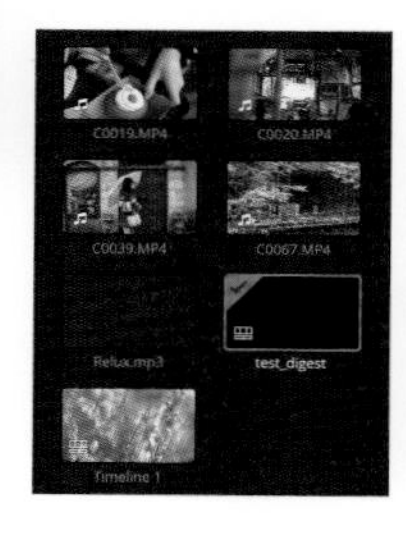

新規タイムラインのサムネイルがメディアプールに追加される。

3

本編の見どころ素材をコピーする

メディアプールから本編タイムラインを開き、オープニングに使いたい見どころ部分を[Ctrl(command)] ＋[C] でコピーする。

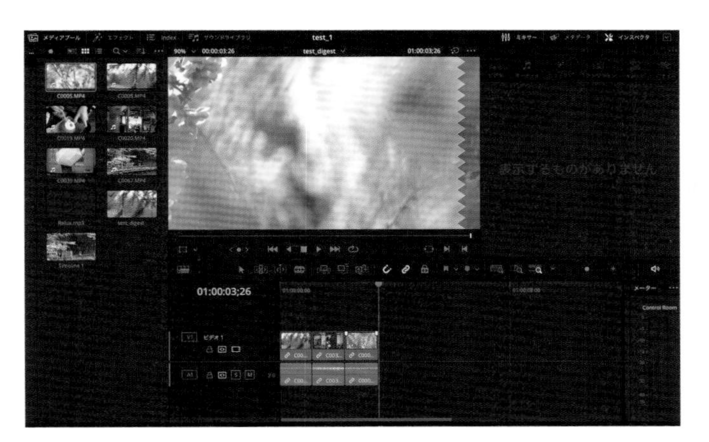

4

オープニング用のタイムラインへ素材をペーストし編集

再びオープニング用のタイムラインに戻り、[Ctrl(command)] ＋[V] でペースト。これを繰り返し、素材を集めたら本編の見どころ素材を編集してオープニング動画をつくっていく。

オープニング用のタイムライン上で編集した変更点は挿入した本編側のダイジェストにも反映される

5

本編にオープニングを挿入する

オープニングができあがったら、本編のタイムラインに戻って本編の冒頭をオープニング動画が入る時間分空けておくように調整する。空け方は[Ctrl(command)] ＋[A]でタイムライン上の素材を全選択し、クリップ上でクリックしたまま移動させる。空けたスペースにメディアプールにあるオープニング動画のタイムラインのサムネイルをタイムラインにドラッグ＆ドロップする。

オープニングは長くなりすぎないように！

ダイジェストは動画の内容を少しだけ見せるフック的な役割なので、30秒以内に収まるようにつくりましょう。目安として、3秒くらいの素材を5〜10カット程度盛り込むことをおすすめします。本編の見どころが多いとたくさんの素材を使ってしまい、長めのオープニングになりがちなので気をつけて！

STEP 9 書き出し・保存

データを書き出して保存しよう

Point

書き出したデータの保存先をしっかりチェック

動画の編集がすべて終わったら、最後に動画ファイルとして書き出していきましょう。書き出すファイルの形式はたくさんありますが、今回は初心者でもおすすめの設定と手順を紹介します。

1

デリバーページを開く

書き出しはデリバーページで行う。画面下のアイコンをクリックしてデリバーページを開く。

2

書き出し設定をする

書き出しの設定は、デリバー画面の左上部で行う。ここでは解像度やフレームレート、ビデオコーデックなどの設定ができる。SNS用の形式など選べるがここでは画質のきれいな「H.264 Master」に。ビデオコーデックとは、動画データの圧縮・変換などを行う際の方法のこと。一般的に使われているH.264にしておけばほぼ問題ない。

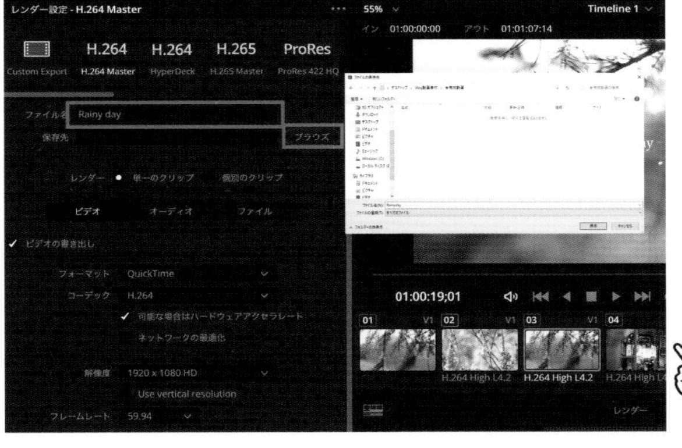

3

ファイル名と保存場所を設定

書き出したファイルがどこに保存されているのかわからない……なんてことにならないよう、ファイル名と保存先をわかりやすい場所に設定しておく。保存先の「ブラウズ」ボタンをクリックすると、ファイルの保存先を選べる。

4

「レンダー」で書き出す

設定が完了したら、画面左下部にある「レンダーキューに追加」を押し、画面右上部にある「すべてレンダー」で書き出しを開始する。

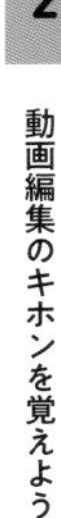

全編視聴して確認しよう

5

動画ファイルを確認

書き出しが完了したら、動画ファイルが正常に保存されているか保存先のフォルダを確認する。動画ファイルをダブルクリックして内容を確認する。

エディットページからも書き出しできる

書き出しはエディットページから行うこともできる。左上の「ファイル」から「クイックエクスポート」を選ぶ。デリバーページ同様、「H.264 Master」を選んで「書き出し」をクリックする。

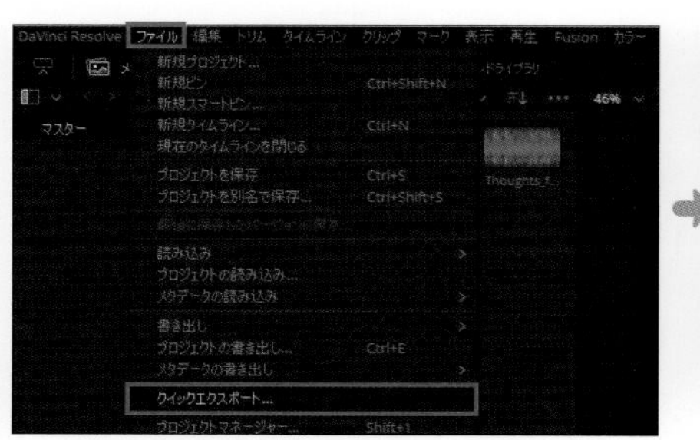

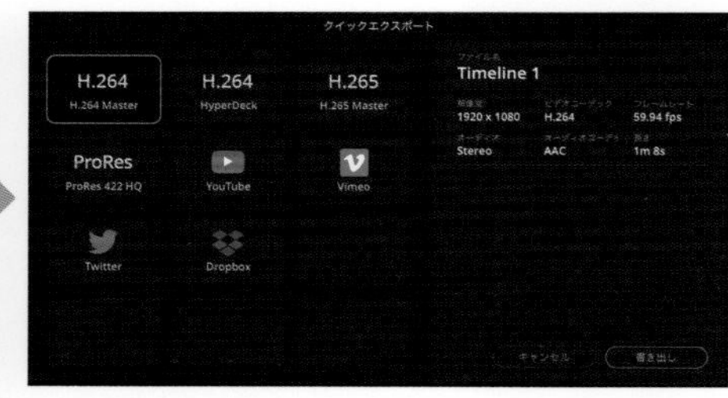

動画をどんどんつくってみよう！

ここまでで、1本の動画にするために必要な編集のキホンを学びました。動画づくりがどんなものか、だいたいイメージがつかめたのではないでしょうか。あとは習うより慣れろ！で、どんどん動画づくりを楽しんでいきましょう。P.84～85では、CHAPTER 1で撮影した「暮らしのVlog」をどのように編集したか、ポイントをご紹介しています。こちらも参考にしてみてください。

動画編集の困ったときの対処法

Q1

エフェクトが選択できない、効果がかからない！

A

編集したい動画クリップを選択していますか？　クリップを選択しないと編集できません。
BGMやテキストなど、ほかのクリップがアクティブになっていないか確認を。

Q2

横位置で撮影したけど、やっぱり縦位置にしたい。

A

プロジェクトでアスペクト比を9：16にして、縦画面の上下にできた黒枠が見えなくなるまで
拡大すればOK。縦位置にする可能性があるときは画角を広めに撮っておきましょう。

Q3

再生するとカクカクしてなかなか進まない……

A

素材が重かったり、パソコンの処理が追いついていないのかも。クリップを右クリック（Macはダブルクリック）し、「最適化メディアを生成」を選択すると元のデータに影響なく最適なプレビューに。

Q4

どこを削っていいかわからず長くなってしまう……

A

見る人の視点と全体のバランスを忘れないように。撮った側は思い入れがあるので似たようなカットでも使いたくなりますが、いい素材でもカットしなければならないときも。永遠の悩みです！

Q5

スロー再生したらカクカクして画質が落ちてしまった！

A

60fps以上で撮影していないと、スロー再生したときにカクカクしてしまいます。
P.19で解説していますので、設定を見直してください。

Q6

YouTubeで表示されるサムネイルがイマイチ……

A

YouTubeのサムネイルは、自動で生成される3つのパターンがありますが、
思い通りのサムネイルがないなら自分で作成するのが良いでしょう。

＼ まず編集からやってみたい！という方へ ／

Vlogの練習用動画ファイルをダウンロードできます

「いきなり動画素材を用意するのが難しい」という方は、練習用の動画ファイルを使って、本章の編集作業にチャレンジしてみましょう。
今回は CHAPTER 1 で撮影した動画ファイルを練習用ファイルとして、またP.14〜15の動画プランシートのPDFをインプレスのサイトからダウンロードできます。

※ダウンロードには、無料の読者会員システム「CLUB Impress」への登録が必要になります。
※パソコンでダウンロードしてご利用ください。

ダウンロード方法

https://book.impress.co.jp/books/1121101118

1

上記のURLからインプレスのサイトにパソコンでアクセスしてください。

2

「特典」のボタンをクリックし、
「特典を利用する」のボタンをクリックしてください。

3

無料会員登録の手続きをすませたら、ログイン後、書籍が手元にあればわかるクイズに回答すると、データのダウンロードが可能になるため、ダウンロードしてください。

注意事項

- 本特典の利用は、本書をご購入いただいた方に限ります。配布する動画、PDFファイルは、本書を利用して編集方法を学習する目的においてのみ使用することができます。
- 有償・無償にかかわらず、動画、PDFファイルを配布する行為や、インターネット上にアップロードする行為、販売行為は禁止します。
- 動画、PDFファイルのご利用によって発生したお客様のいかなる不利益も一切の責任を負いかねますので、あらかじめご了承ください。

「暮らしのVlog」を編集してみよう

左ページからダウンロードできる動画ファイルを用いて、「暮らしのVlog」の編集見本動画を制作しました。下記のURLから見ることができます。

「暮らしのVlog」の見本動画はこちらでチェック！

https://bit.ly/3AbdkJx

動画ファイルを使って練習してみよう

どのようにして見本動画を編集したのか、シーンで使用しているファイル名と編集のポイントとなる部分をピックアップし次のページで解説します。見本動画ではCHAPTER2で解説した編集テクニックと、一部CHAPTER3の応用テクニックを使って編集しています。まずは見本動画と同じように編集しても良いですし、自分で構成を考えてアレンジして編集してみても良いでしょう。

「暮らしのVlog」の見本動画の編集レシピ

構成と使用動画ファイル

0:00～

1 オープニング

●使用ファイルと使用順

24→28→27→23→25→26

0:24～

2 花を飾る

●使用ファイルと使用順

01→02→03→04→05→06→07→08

1:59～

3 お菓子を準備

●使用ファイルと使用順

09→10→11→12

2:41～

4 ジンジャーエールをつくる

●使用ファイルと使用順

13→14→15→16→17→18→19→20→21

4:13～

5 ジンジャーエールとお菓子を満喫

●使用ファイル

22

5:10～

6 エンディング

●使用ファイルと使用順

19→12→24→04→27→23→25→26

編集のポイント

エフェクト　白と黒の画面を差し込んで場面切り替えをわかりやすく

本編の前後やシーンの間に、白黒画面をはさむことで場面の切り替えをわかりやすくしています。白黒画面は「ジェネレーター」の「単色」を使用。クリップの間に「単色」をはさめばOK（右上段画像）。また、オープニングの0:21〜は黒を、本編の5:10〜では白をフェードインさせることで、映像をフェードアウトさせるトランジションのような使い方をしています（右下段画像）。

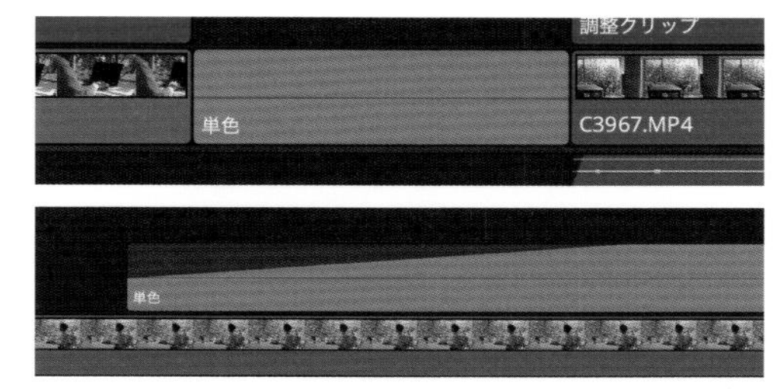

簡易トランジション→ P.61参照

音　BGMは控えめに、フェードアウトで区切りも自然に

BGMは暮らしのVlogの雰囲気に馴染む、ゆったりとした曲を4曲使用。オープニングとエンディングの曲は同じで、左ページの構成内の2、3、4で曲を変えてシーンの切り替えをわかりやすくしています。氷を入れる音など動画内の音も活かすために、BGMのボリュームを「-13.64」まで下げました。シーンの切り替わりなどでフェードアウトを使用し、音楽が自然に終わるようにしています（右画像）。

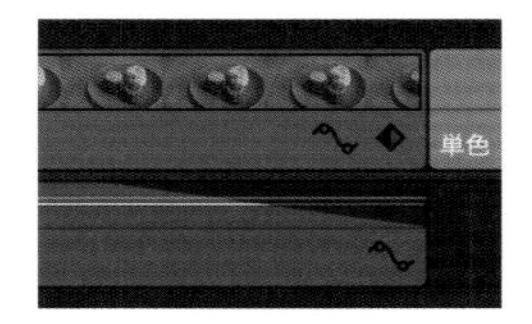

音の調整→ P.62〜64参照

色　全体を温かみのある色味に調整

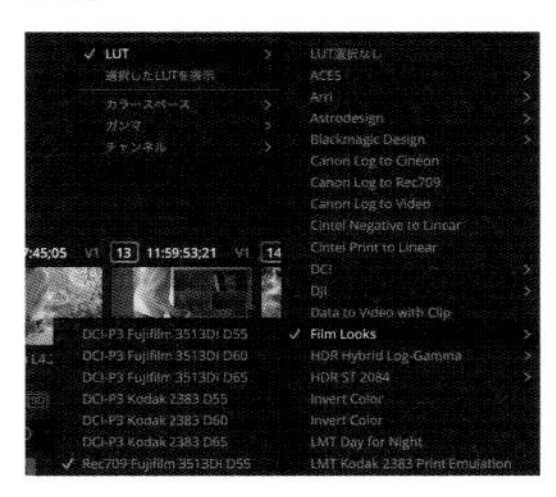

色の調整→ ❶P.101、❷P.66〜69参照

色味の調整は、❶LUT（カラープリセット）で全体の色味を決める、❷個別のクリップごとに調整する、という2つの工程で行いました。❶まずエディットページで、左上の「エフェクト」→「ツールボックス」内の「エフェクト」→「調整クリップ」を選択してタイムラインのクリップの上の段にのせます。「調整クリップ」は、長さを調整すれば複数のクリップ全体に効果をかけられる透明な素材。続いてカラーページの画面左中央で「調整クリップ」を選択後、画面右上のノードを右クリックし「LUT」→「Film Looks」→「Rec709 Fujifilm 3513DI D55」を選択（左画像）。❷LUTをのせたあとにクリップごとに色や明るさを調整。色をのせると白飛びや黒潰れの具合も変わるので、LUTのあとに個別で整えます。

画角　ズームや傾き補正で被写体を見やすく調整

画角の調整はほぼすべてのクリップで行っています。ズームして被写体を際立たせたり、傾きを調整して画面を見やすく整えました。

画角を調整→ P.50〜51参照

文字　雰囲気に馴染むやわらかいフォントを使用

テロップは「筑紫A丸ゴシック」を白い文字で入れて、やわらかい印象に。サイズは「54」、センター揃えにしています。

テキストの入れ方→ P.70〜73参照

column | 1

YouTubeやSNSで目を引く サムネイルのポイント

サムネイルとは？

動画投稿サイトに公開する際、動画の一覧ページで表示される画像をサムネイルといいます。一般的にはその動画の内容がわかる画像をサムネイルにします。サムネイルは自分の意図したものをつくることをおすすめします。YouTubeの場合は、動画内からランダムに自動設定されるので、なかなか思ったようなサムネイルになりません。カスタムサムネイルや別途アプリやソフトを使って自分で作成した画像を設定しましょう。YouTubeのサムネイルはサイズにも注意が必要です。基本は1280×720ピクセル、最低でも幅640ピクセル、縦横比は自動的に16:9になります。コテコテにせず、シンプルでわかりやすく文字を入れるようにしましょう。

動画の再生数を増やすサムネイル画像のポイントは、「動画の一番の見どころの写真を使う」「注目を集めそうなキーワードを、動画内容に合ったフォントで簡潔に入れる」、この２つを意識しましょう。

おしゃれなVlog

ゆったりした雰囲気の写真には、小さめで白か黒のテキストでシンプルに！

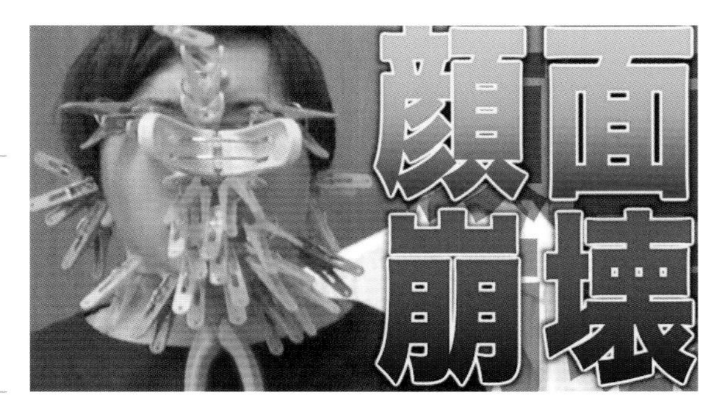

バラエティ動画

写真もテキストもインパクト重視。文字色も2〜3色使ってカラフルに！

テンプレートで簡単につくれる！

おすすめアプリ

Canva

おすすめはさまざまなデザインや素材が揃っている「Canva」です。無料で使え、テンプレートに当てはめていくだけなので、初心者でも簡単にサムネイルがつくれます。

CHAPTER 3

思い描いた動画をつくるムービーレシピ集

次に動画のジャンルごとの撮影&編集のコツを見ていきましょう。ジャンルによっておさえておきたいポイントを意識すると、思い描いた動画をつくることができます。各ポイントの中でとくに大事なものは詳しく解説をしているので、ぜひチャレンジしてみてください。

※「撮影のポイント」「編集のポイント」の中には箇条書きのみのものもあります。

Trip
Vlog
Cooking

Pet Vlog

CATEGORY 1

スポット巡りVlogの計画を立てる

しっかりめの動画プランシートはこうまとめよう！

タイトル　おしゃれスポット巡り Vlog

テーマ　おしゃれスポットを紹介する Vlog

目的　地元の素敵なお店や場所を知って欲しい

イメージ・テイスト　落ち着いた、おしゃれな、ゆったりとした

一番主役にしたい（見せたい）もの　場所やお店、地域の人々

画面の向き　縦　横（○）　動画全体の尺（長さ）　約10分　00秒

	尺（分、秒）	どんなシーン？撮る場所は？	撮る内容の詳細
1	10～20秒	オープニング ▶各所	各お店や場所での体験の様子 地域の雰囲気が伝わる画 葉っぱが揺れるのどかな画 etc.
2	20秒程度	ランチに行く前の 冒頭シーン ▶駅前	自撮りでトーク
3	3分半程度	ランチ ▶酒場やみくろ	お店の外観、内観 ご飯を食べるところ 店主さんとの会話

長めの動画の書き方をチェック

CHAPTER 3では、動画のジャンル別の撮影方法と編集のポイントをご紹介していきます。どのジャンルもP.12〜で解説したプランシートに記入して進めていく手順は同じですが、ここではP.92〜95の「スポット巡りVlog」の動画を例に、しっかりとプランを立てて撮影する際のプランシートの記入例をご紹介。細かくプランを考えて書き込むときの参考にしてみてください。

	尺（分、秒）	どんなシーン? 撮る場所は?	撮る内容の詳細
4	30秒程度	移動しながら次の場所の話など ▶道	自撮りでトーク
5	2分半程度	ギャラリー見学 ▶ギャラリーイリマル	お店の外観、内観 焼き物 焼き物づくりの過程を少し見せてもらう 店主さんとの会話
6	30秒程度	移動しながら次の場所の話など ▶道（古い街並み）	自撮りでトーク 街並みも映す
7	1分半程度	古い建物と自然を満喫 ▶旧中埜半六邸	場所の全体画 自分が場所を満喫しているところ
8	30秒程度	移動しながら次の場所の話など ▶道	自撮りでトーク 川沿いも映す
9	1分半程度	カフェでひと休み ▶リトリートキッチン	お店の外観、内観 飲み物をつくっているところ 飲み物を飲むところ エンディングへの導入 自撮りトーク
10	10〜20秒程度	古い建物と自然を満喫 ▶各所	各お店や場所での体験の様子 地域の雰囲気が伝わる画 葉っぱが揺れるのどかな画 etc.

— CATEGORY 1/ —

ちょっとしたおでかけもおしゃれに

スポット巡りVlog

Point

レポート+ナレーションで魅力を伝える

休日のおでかけや行きつけのお店を紹介するスポット巡りVlogは、街の雰囲気も含めて紹介しましょう。知り合いのお店でも、撮影前にひと言声をかけて、許可を得ることをお忘れなく。撮影はすべて自分目線でまとめます。駅からのアプローチや気持ちのいい場所、食レポ、お店の方との会話、商品の説明や魅力などを友人に語るように話しながらレポートしていきます。

撮影のポイント

1. 最寄駅からスタート！木々や川を撮っておく
2. 自撮りトークはゴリラポッドと広角レンズを使う
3. お店の外観や看板を撮る
4. 食べるシーンは固定して撮る
5. お店の人を自分目線で撮影
6. 商品がきれいに見える場所で物撮り

編集のポイント

1. 看板や入り口のシーンに店名と住所を入れる
2. 伝えきれない情報はナレーションで補足

動画でチェック https://bit.ly/3LeRdld

あると良いアイテム

- 広角レンズ
- 三脚・ゴリラポッド

お店まで喋りながら移動する際は、自撮りで自分と風景が広く写るよう、17〜28mmくらいの広角レンズを用意。フレキシブルに設置できるゴリラポッド三脚も準備。

＼撮影／

周辺の環境をレポートする

駅からお店まで、自撮りでレポートしていきましょう。季節感や街の雰囲気がわかるよう、樹木や道などを撮っておくと伝わりやすい映像に。

撮影 1 最寄駅からスタート！木々や川を撮っておく

最寄駅を写し、レポートをスタート。画面のアクセントや切り替えなどに使えるので、木々や川の流れ、道など何気ない風景も撮っておきましょう。

撮影 2 自撮りトークはゴリラポッドと広角レンズを使う

自撮りトークを撮影する際は、もちやすいゴリラポッドがあると便利。歩きながら街の様子を紹介します。周辺の環境と自分を写すには広角レンズがあると便利。標準〜望遠だと近すぎたりドアップになってピントが合わないことも！

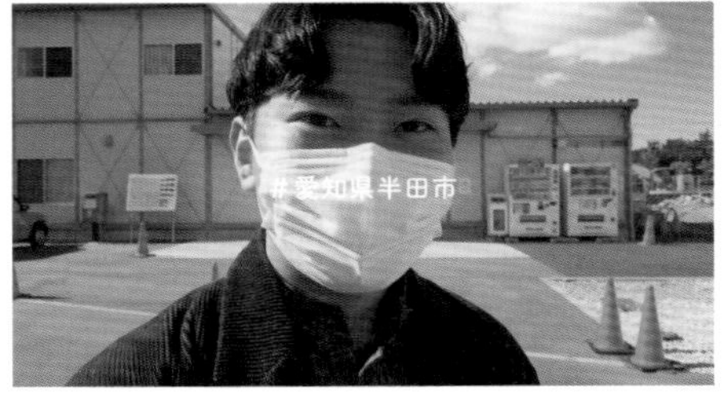

\ 撮影 /

お店レポートは4つのシーンを入れよう

お店のレポートは、外観、体験（食レポなど）、人、物の4つのシーンを入れることを念頭に入れておきましょう。

※お店の許可や他のお客さんへの配慮を忘れずに。

撮影 3 お店の外観や看板を撮る

視聴者がひと目見てわかるように、シンボルとなるお店の看板や外観などを撮影しておきます。

撮影 4 食べるシーンは固定して撮る

飲食店であれば、実際に食べるシーンを自撮りで撮影しましょう。テーブルの上にゴリラポッドやミニ三脚で固定して録画します。

撮影 5 お店の人を自分目線で撮影

人が入ると、グッと親しみやすい雰囲気に。ひと声かけてOKなら、ぜひ撮影を！　自分目線で撮影することで、視聴者がお店の人と話している雰囲気を伝えます。 人物撮影の際は、背景をぼかして人物を際立たせましょう。

商品がきれいに見える場所で物撮り

商品や食べ物は、主役にした画をしっかり撮影しておきます。窓側の明るい席に座れば、きれいな光が入って食べ物もおいしそうに撮れます。

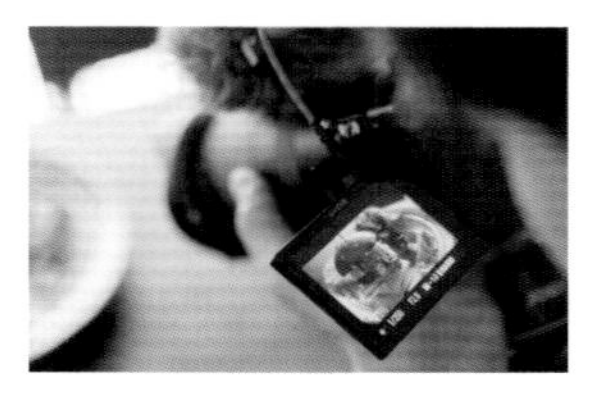

テキストとナレーションでお店の情報を伝える

店名や住所などは、あとからテキストで入れると親切ですが、あまり細かく入れると大変になってしまうので、「適度に」入れるのが面倒にならないコツです。

看板や入り口のシーンに店名と住所を入れる

お店の外観のシーンに店名と住所などをテキストで入れます。ただしお店紹介がメインではないので、説明的にならないよう、住所は英語表記でサラリと。あとは自分で調べてね、という雰囲気でまとめます。

伝えきれない情報はナレーションで補足

撮影中に入らなかった情報や、補足したい情報はあとからナレーションで入れます。あまりかしこまったナレーションだと億劫になるうえに、リテイクも多くなってしまいます。友達に話す感覚でラフにナレーションを入れましょう。

ナレーション→P.65参照

CATEGORY 2

日常のシーンもドラマティックに
シネマティック・ムービー

Point

スムーズなカメラワークで編集しやすく！

人物や街中など日常的な場所でも映画のような世界観で表現するシネマティック・ムービー。撮影のポイントは、カットとカットがスムーズにつながるカメラワークと、手ブレのない安定感のある映像を心がけることです。編集では、トランジションの使用や再生スピードの変化で映像にリズムをつけることと、好みの映画の世界観に近づくよう色味やコントラストを調整していきます。

撮影のポイント

1. カメラの動きでつなぎをスムーズに
2. ジンバルや三脚を使って安定感のある映像に
3. シンメトリー+ドリーで奥行きを表現
4. ローアングルから撮影する

編集のポイント

1. 短い映像をフラッシュのように見せる
2. 再生スピードを変えて緩急をつける
3. はじめと終わりに白や黒の画像をはさむ
4. 画面の上下に黒帯をつける
5. 色は「LUT」を活用する

動画でチェック https://bit.ly/3KRZ4Kv

あると良いアイテム

● 三脚機能付きのジンバル

手ブレを抑えながらさまざまな角度や動きで撮影ができるジンバルは、安定感を得つつ、手持ちでは難しいようなカメラワークをつくるための必需品。

\ 撮影 /

映像のつなぎと安定感を意識して撮影する

シネマティック・ムービーはカメラワークが肝心です。
動きのスムーズさと安定感を意識した撮り方でかっこ良さを追求しましょう。

撮影 1

カメラの動きでつなぎをスムーズに

映像から次の映像へのつながりに違和感が出ない撮影を心がけましょう。たとえば前のカットでは右→左へ流れるのに、次のカットでは左→右のカメラワークに変わると、忙しくて落ち着かない動画に。編集時のことを考えて方向性を揃えましょう。

前のカット

次のカット

カメラを左から右へフレームアウト

カメラを左から右へフレームイン

撮影 2

ジンバルや三脚を使って安定感のある映像に

映像が手ブレしていると、ブレばかり気になって、見る人はシーンに集中できません。手ブレ防止にはジンバルや三脚を使います。ジンバルは電源を入れない状態でも安定するようにバランスを調整します。前後左右のどこかに傾きすぎていると、安定せず電力消費も増えるため注意しましょう。

＼撮影／

映画のような構図を意識する

思い切ったアングルにも挑戦するなど構図にこだわることで、より見応えのあるドラマティックな映像にすることができます。

撮影 3 シンメトリー＋ドリーで奥行きを表現

シネマティック・ムービーでは、被写体に近づいたり遠ざかったりして前後に移動する「ドリー」という撮影方法がよく使われます。建物の入口や風景などに用いると、視聴者がその世界へ吸い込まれていくように感じ、奥行きと立体感のある映像になります。このとき、左右対称のシンメトリー構図にすると、より没入感がアップするのでおすすめです。

被写体に近い所から離れていく。

撮影 4 ローアングルから撮影する

普段の視界と異なる高さや角度の映像は、見る人に新鮮な印象を与えます。とくに取り入れやすく効果的なのは超ローアングルから撮った映像です。ほかに、超広角や超近距離など思い切った撮り方を取り入れるとメリハリのある映像になります。

＼編集／

短いカットや再生スピードで変化をつける

撮影だけでなく、編集でも非現実感のある演出を取り入れると、さらに映画のように見る人を作品に引き込むことができます。

編集 1

短い映像をフラッシュのように見せる

0.1秒くらいのごく短くカットした映像を、シーンの間にはさみ込むと、フラッシュ的な効果で一瞬でもインパクトのある映像に！カット編集だけでできる簡単な方法です。瞬間的な映像なので寄りの構図の映像のほうが効果的です。

How to

1. 寄りの構図の動画を2〜3素材撮影しておく
2. 1の各素材を2フレームずつ切り取る
3. シーンの間に切り取った素材を並べる

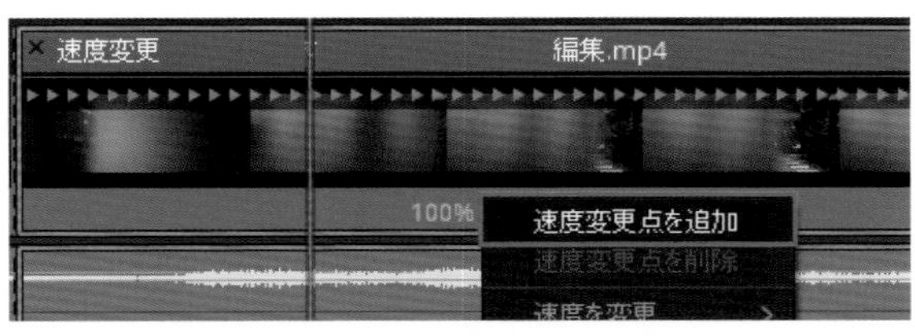

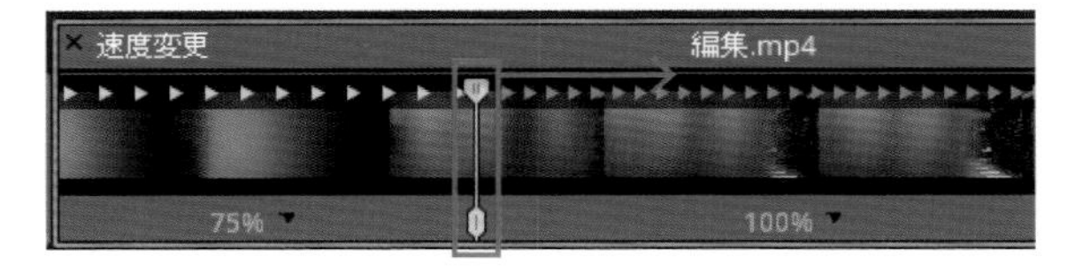

編集 2

再生スピードを変えて緩急をつける

シネマティック・ムービーでは、再生スピードを変える編集が多く用いられます。一定のリズムで流れ続けたり、曲でいう「サビ」がなく盛り上がりに欠ける映像は見飽きてしまうので、速度を変化させましょう。左画像のようにクリップを分割せずに部分的に速度を変えたい場合は、クリップを選択して[Ctrl(command)]＋[R]で「リタイムコントロール」を有効に。速度変化の切り替え部分に再生ヘッドを移動し、%表示部分の横の▼をクリック。「速度変更点を追加」をクリックすると変更点が追加されます。追加された変更点のマーカーを左右に動かすと、マーカーの左側のクリップの速度を変えることができる。右にいくと遅く、左にいくと速くなる。

再生スピード調整→P.52参照

＼編集／

映画っぽい画づくりを散りばめる

映画では、本編の前後に黒い画面が入っていたり、映画特有の画面比率が用いられています。それらの画づくりを取り入れて、より映画っぽさを出してみましょう。

編集 3 はじめと終わりに白や黒の画像をはさむ

本編映像に入る前に黒や白の画面を入れると、導入のきっかけになります。動画の終わりには黒もしくは白の画面を入れてその上にクレジットを入れると、引き締まり、まとまりのいい動画になるのでおすすめです。切り替え部分に「クロスディゾルブ」(P.58参照)をかけると自然に切り替わります。

本編の前

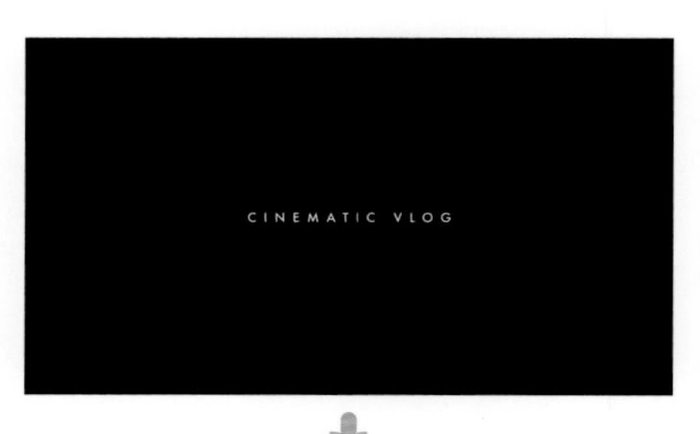

本編スタート

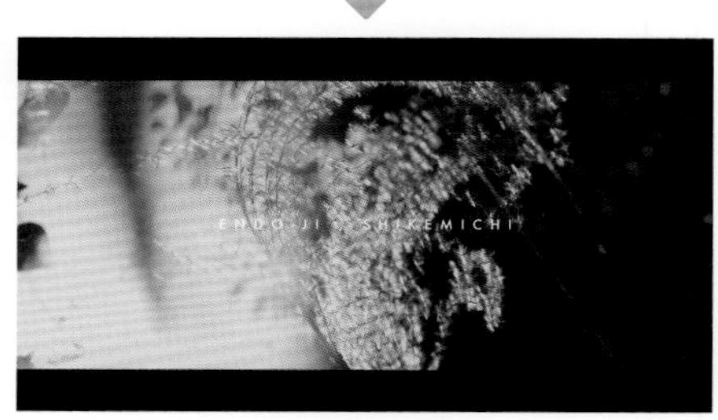

本編の終わり

編集 4 画面の上下に黒帯をつける

シネマティック・ムービーで必ずといっていいほど用いられるのが、上下の黒帯です。シネマ用の特殊レンズで撮影した映像の画面比率は2.35:1になっており、この「シネマスコープ」サイズに似せる目的で黒帯をつけます。縦が狭くなるため、撮影時に上下のスペースに被写体を置かないよう注意。

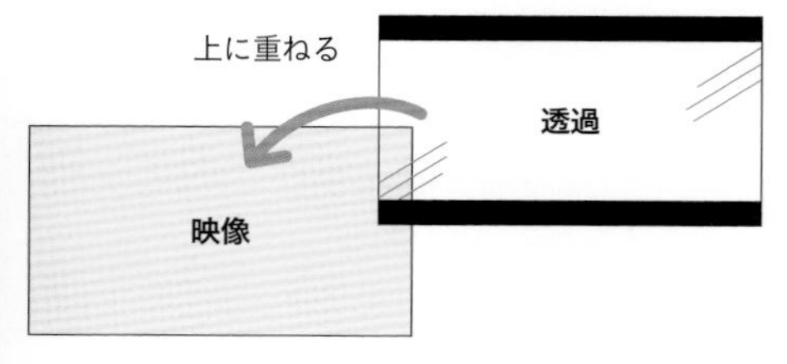

やり方は映像の上に、真ん中が透過し上下が黒い画像を重ねます。タイムラインではクリップの上の段に画像を置きます。画像はフリー素材サイトにもありますが、P.97のURLから僕が使っている画像をダウンロードできます(パソコンでアクセスし保存してください)。

＼編集／

コントラストの高い色調にする

シネマティックな雰囲気を出すためには色の調整が欠かせません。「LUT」と呼ばれる写真のカラープリセットのようなものを当てたり、明るさやシャドウを微調整します。

編集5 色は「LUT」を活用する

エディットページのタイムラインに左上の「エフェクト」→ツールボックス内「エフェクト」→「調整クリップ」を追加してからカラーページでノードを右クリックして「LUT」から種類を選びます。見本動画では、「Blackmagic Design」→「Blackmagic Gen5 Film to Extended Video」を適用して、エディットページの右上の「インスペクタ」→ビデオ内「合成」で不透明度を少し下げています。

色の調整→P.66参照

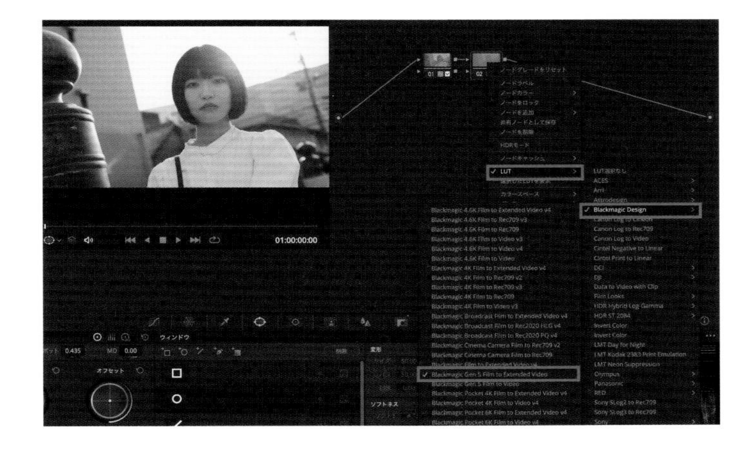

おすすめのLUT

おしゃれな雰囲気にしたいなら「Film Looks」内の「Fujifilm」シリーズや、「Kodak」シリーズがおすすめです。フィルムっぽくコントラストが高く彩度が控えめな色合いになります。企業から依頼されるCMなどは彩度が高い「RED」を使用したりします。

Fujifilm

Kodak

RED

Blackmagic Design

— CATEGORY 3 —

人気料理家の気分でつくりたくなる映像に

料理ムービー

Point

画角・音・光で「おいしそう！」と感じる動画に

毎日当たり前にしている料理も、動画のつくり方次第で魅力的なコンテンツになります。大切なのは、視聴者の五感を刺激して、「おいしそう！」「参考にしてつくってみたい！」と思わせるような仕掛けを散りばめていくこと。色鮮やかな野菜、まな板で切る音、肉がフライパンで焼ける音、湯気など、画面を通しておいしそうな料理の匂いが漂ってくるような映像にしましょう。

撮影のポイント

① 三脚を設置して画角を決めて撮る

② 調理工程を俯瞰で撮る

③ 食材や調味料、調理器具を見せる

④ おいしさを想像させる調理音を録る

⑤ 料理にピントが合っているかその都度確認を

⑥ 自然光が少ないときは照明で明るさをプラス

編集のポイント

1 彩度を上げて食材の色を活かす

2 材料紹介のシーンに分量のテキストを入れる

3 手順通り料理の流れを見せる

4 暖色寄りの色味にする

動画でチェック https://bit.ly/3LhtGGY

三脚を設置して画角を決めて撮る

あると良いアイテム

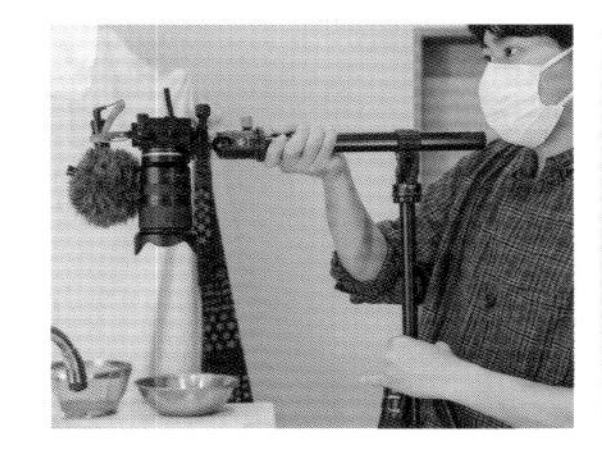

- 三脚（俯瞰から撮れるもの）
- 外部マイク
- 照明

さまざまなアングルから素早く撮りたいので、俯瞰撮影ができ、取り回ししやすい小型軽量の三脚がおすすめ。調理の音を拾う外部マイクや、光量不足の際に使用する照明も用意。

俯瞰撮影で料理をする人の視点を入れる

料理動画の視聴者は、真似をしてつくりたい人が大半です。
料理をする人の視点で「つくれそう」「やってみたい」と思わせる動画を心がけて。

調理工程を俯瞰で撮る

料理の様子がもっともわかりやすいのは、真上からの撮影です。一般的な三脚は脚が画角に入ってしまうので、エレベーター部分が延びる俯瞰用の三脚を用意しましょう。グリッド線を表示して水平を確認します。

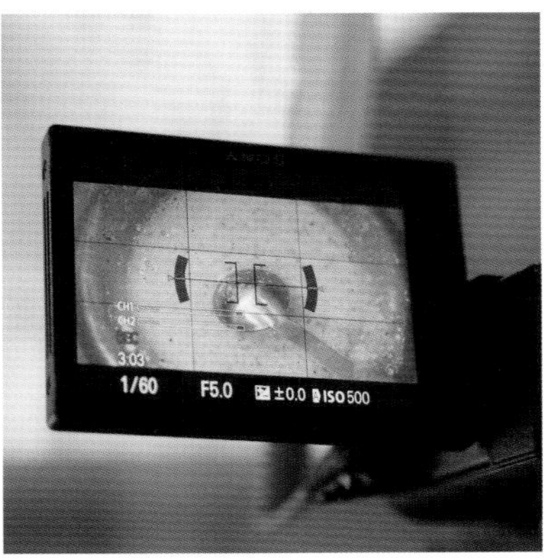

食材や調味料、調理器具を見せる

料理シーンに入る前に食材や調味料、調理器具を撮っておきましょう。分量は編集の際にテキストであとから入れます。文字を入れることを考えて、少し引いて余白を多めにとっておきます。

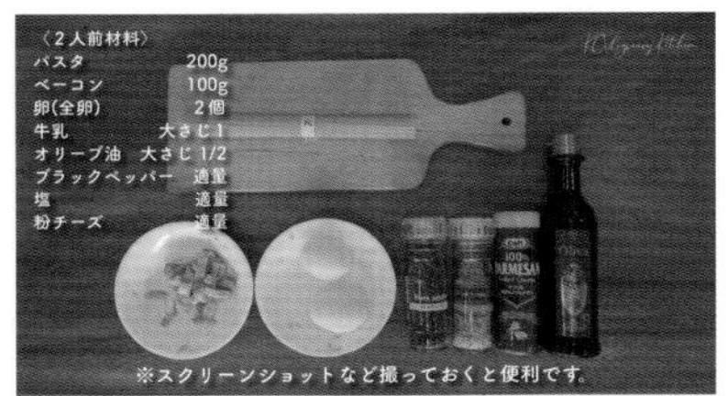

＼撮影／

「音」と「光」でおいしそうに見せる

料理ムービーはおいしそうに見せることが大切です。
調理中の音を取り入れたり、料理が映える光を駆使して味を想像させるように撮りましょう。

撮影 4　おいしさを想像させる調理音を録る

料理動画では、おいしさを引き立てるために調理音がとても重要です。トントンと食材を切る音、卵をかき混ぜる音、ジュワーっと油の弾ける音など、おいしさを連想させる音は映像と一緒に録音を。カメラ内のマイクでも良いですが、外部マイクを別途使えばより鮮明な音に。

撮影 5　料理にピントが合っているかその都度確認を

俯瞰撮影のほか、手元や料理の寄りなどさまざまな角度から撮影しておくと、テンポの良い映像になります。肝心な料理にピントが合っているか、その都度ピントの確認を。オートフォーカスが定まりにくい場合は、ピントを合わせてからマニュアルフォーカスにします。

撮影 6　自然光が少ないときは照明で明るさをプラス

完成した料理は、半逆光（料理の斜め奥からの光）で明るい窓からの光（自然光）で撮るのがおすすめです。料理に光が反射し、シズル感が出ておいしそうに写ります。環境や時間帯によって十分に自然光を確保できない場合は、照明で明るさをプラス。ライティング機材がなくても、卓上照明やLEDライトなどで代用できます。

＼編集／

食べ物は彩度アップ&暖色系がセオリー

料理ムービーは派手な演出やかっこいいエフェクトは必要ありませんが、色味はとても重要です。おいしそうに見える編集をしましょう。

編集 1 彩度を上げて食材の色を活かす

少し彩度を上げて鮮やかさを足すことで、よりおいしそうな料理に見えます。また料理は寒色より暖色のほうがおいしそうに見えるので、色温度も微調整します。

色の調整→P.66参照

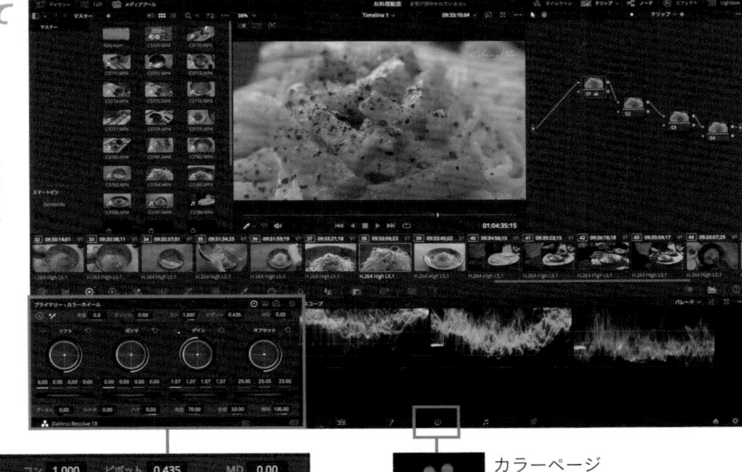

カラーホイール

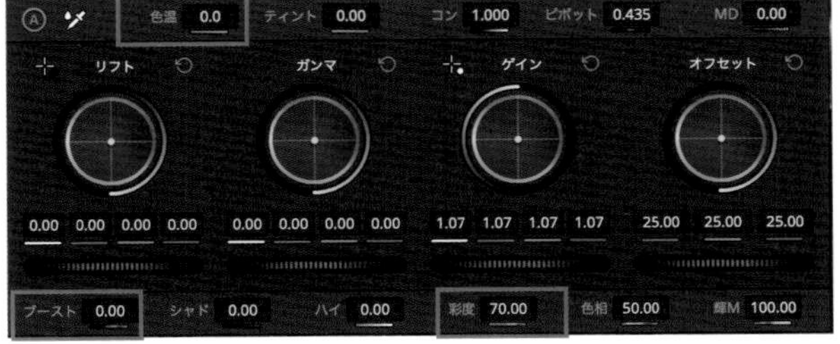

カラーページ

映像全体の彩度を上げるには、カラーページの「カラーホイール」の下部にある「彩度」の数値を上げる。彩度の低い部分だけを上げたい場合、「ブースト」で調整を。ホワイトバランスは上部にある「色温」で調整できる。

撮ったままの映像だと若干おいしそうなインパクトに欠ける。

彩度と色温度の調整で、おいしそうなカルボナーラに！

CATEGORY 4

楽しかった思い出がイキイキと蘇る

旅のキロク

Point

同行者の視点も入れて旅の楽しさを伝える

美しい景色やそこでしかできない貴重な体験、おいしい名物など、旅ならではのワクワクした思い出を鮮やかに残す「旅のキロク」。自分目線だけなく、旅行の同行者などにも撮影してもらい、複数のアングルで変化をつけると、より風景や場所の雰囲気を臨場感たっぷりに残せます。編集ではインサートやBGM、テキストの使い方にこだわると、旅行感のある仕上がりに。

撮影のポイント

1. シンプルな機材であらゆるシーンを残す
2. 設定は「オート」で撮影時に悩まない
3. 4つの視点でバリエーションを撮る
4. 手ブレを活かし臨場感のある映像に
5. 環境音や人の声も含めて撮影する
6. 夕方から朝の時間経過を見せる
7. 夜の絶景はタイムラプスで撮影

編集のポイント

1. 印象的なシーンをインサートで入れる
2. スマホで撮った動画も入れる
3. レトロな音編集で懐かしい雰囲気に
4. BGMは部分的に入れる
5. カット編集と早送りでテンポよく

動画でチェック　https://bit.ly/43YQNNM

あると良いアイテム

- 標準域ズームレンズ
- ゴリラポッド
- 外部マイク

カメラは寄り引きが撮れる標準レンズにゴリラポッドとマイクをつけるスタイルで。ゴリラポッドは自撮り棒代わりにも使えて便利。

＼撮影／

旅を楽しみつつ効率的に映像を撮る

いつもと違う場所に行くと何もかも新鮮で、つい撮りすぎたり、時間をかけすぎてしまいがち。動画撮影がメインになり旅が疎かになってしまっては本末転倒。まずは旅を楽しんで撮影しましょう。

撮影 1　シンプルな機材であらゆるシーンを残す

身軽に動くためには、機材はシンプルにしましょう。レンズは20〜50mm前後の標準域をカバーできるズームレンズを1本だけ、三脚もコンパクトなものかゴリラポッドで十分です。スマホ撮影も取り入れながら、旅の支度から帰宅まで、あらゆるシーンを撮っておくと、充実した内容に。

撮影 2　設定は「オート」で撮影時に悩まない

カメラの設定も悩まずに撮影が進められるように、ホワイトバランス、ISO感度、フォーカスはすべてオートに設定しておきます。「押せば確実に写る」ようにして撮り逃しを防ぎます。

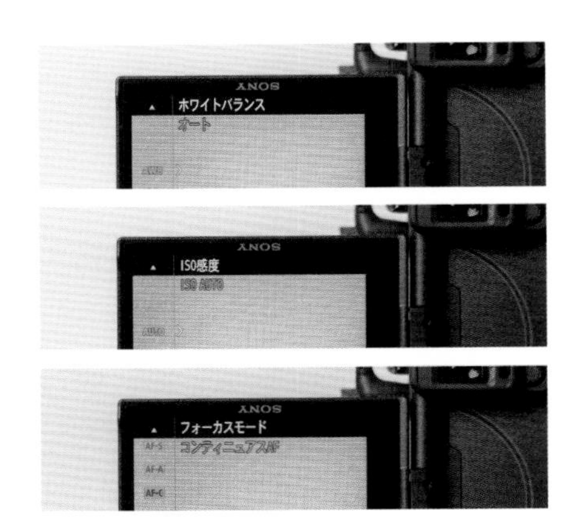

＼撮影／

凝らずにイキイキした映像にしよう

**旅の動画は、その土地ならではの景色をおさえるのはもちろん、
現場の臨場感をより高める環境音や手ブレもあえて取り入れましょう。**

撮影 3　4つの視点でバリエーションを撮る

動画素材を撮りすぎると、撮影時間もかかる上に、編集作業も大変です。以下の基本的な4つの撮影方法をおさえておき、効率的にいろいろな視点を取り入れましょう。

❶ 自分目線で話しながら撮る	❷ 自分や同行者の表情を撮る

❸ 場所やものの全体がわかるイメージを撮る	❹ 場所やものの細部がわかる寄ったイメージを撮る

撮影 4　手ブレを活かし臨場感のある映像に

極端にブレすぎていなければ、少しくらい手ブレしていたほうが自然です。旅情感を出す「味」として取り入れましょう。

撮影 5　環境音や人の声も含めて撮影する

環境音を入れると臨場感がアップします。編集で入れるBGMとは違い、その場所の雰囲気や空気感を伝えてくれる天然の音素材です。この動画の場合は、仲間との会話や料理音などを入れています。街歩きなら、雑踏音や葉っぱが風で揺れる音、お店やほかのお客さんの声などを取り入れてみましょう。

夕方〜朝の時間経過を見せる

**時計を映したり、空の色の変化を見せるなど、
時間の移り変わりを感じさせる撮影方法を取り入れましょう。**

夕方のシーン

夜のシーン

朝のシーン

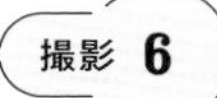

撮影 6 夕方から朝の時間経過を見せる

日付をまたぐ場合は、夕方、深夜、朝の3つのシーンを撮っておきましょう。この動画では、ランタンが夕方の象徴、夜は星空、朝は寝起きのシーン。それぞれのシーンの切り替えは、黒い画面を入れます。

撮影 7 夜の絶景はタイムラプスで撮影

「タイムラプス」は数秒〜数十秒の間隔で連続写真を撮り、写真をつなげると早送りのような映像が撮れます。1〜2時間ほど撮影すれば、雲の動きや星の移動が美しい夜の動画に。一眼カメラのインターバル撮影機能があれば使ってみるのもおすすめ。

何枚くらい撮影する？

撮影枚数は、どのくらいの長さのタイムラプス動画をつくりたいかで変わってきます。10秒のタイムラプス動画をつくるなら、fpsが30（1秒間に30枚）で10×30で撮影枚数は300枚必要です。撮影の時間を30分とすると、300枚を1800秒で撮影するので1800÷300＝6で、6秒間に1枚の撮影間隔と算出できます。

\ 編集 /

インサートでメリハリをつける

**情報量が多くダラダラと単調になりやすい旅動画は、
時系列で動画をつなげるだけでなく、合間に別の映像や写真を入れてアクセントをつけましょう。**

編集1 印象的なシーンをインサートで入れる

印象に残ったシーンをインサートで差し込むと、場面の切り替えがスムーズにできます。雰囲気の良いシーンを入れれば動画全体のクオリティも増します。自分達の旅の様子だけではなく目で見た印象的だったシーンや気合いを入れて撮影した絶景写真などを入れても良いでしょう。

観光地の旅なら、看板や土産をインサートで入れてみよう

温泉旅行や街歩きの旅なら、看板やショーウィンドウ、お店の前のオブジェやお土産の温泉まんじゅうなど、街や土地のシンボル的なものをインサートで入れてみましょう。

編集2 スマホで撮った動画も入れる

見本の動画では、水上スポーツのSUPをしているシーンは、カメラの水没が怖いのでスマホで撮影しました。一眼で撮った動画にスマホ動画を入れる場合、全画面だと画質の低さが目立つので、余白を入れて小さめに配置します。ナレーション代わりに、余白にテロップを入れるのも効果的。

めちゃめちゃ綺麗でした

運が良ければ
富士が綺麗に見えます。

＼編集／

音編集で旅の個性を出す

旅の雰囲気を盛り上げる音楽は、オープニングで少し凝ってみても良いでしょう。本編ではBGMを織り交ぜてテンポ良くまとめます。

編集 3 レトロな音編集で懐かしい雰囲気に

オープニングは、レトロな雰囲気でまとめました。映像は粒子感のあるフィルムっぽい雰囲気に仕上げ、音も同様にレトロな雰囲気に編集を。高い音と低い音の周波数を切って中間の音だけが聞こえるようにすると、ざらっとノイズの入ったレトロ音の完成です。

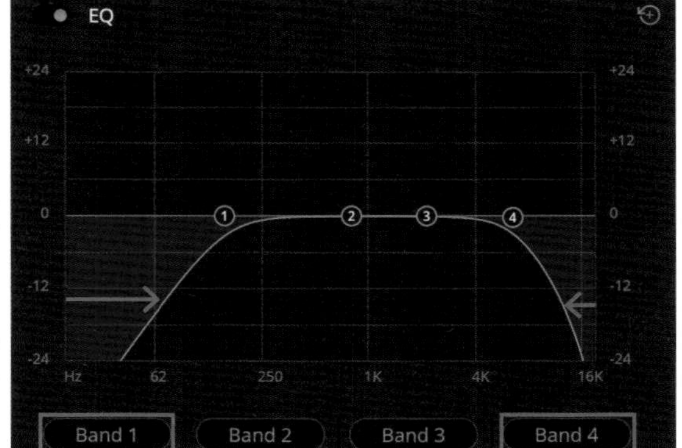

エディットページでタイムラインのクリップの音声を選択。右上の「インスペクタ」→「オーディオ」→「EQ」を選択。Band1 とBand4 のボタンをアクティブにして、それぞれの丸数字をドラッグして中央に寄せる。

編集 4 BGMは部分的に入れる

全編を通してBGMを流し続けるのではなく、オープニングやエンディング、インサートのみに使います。会話や環境音を聞かせたいシーンではBGMを切ったり弱くするなどして強弱をつけると、全体を通して見飽きない映像に。

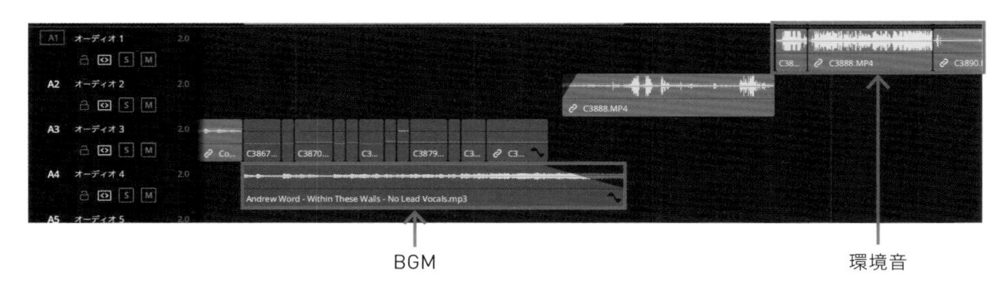

BGM　環境音

CATEGORY 5

かわいい表情や仕草を逃さず記録！

ペットVlog

Point

ペット目線と至近距離で躍動感のある映像に

ペットVlogは、ペットが自然体で過ごす普段の様子を撮影することが第一です。見る人がペットの世界や飼い主の視線に浸れる躍動感のある映像を目指しましょう。ペット目線のローアングルや、ペットの体温や息遣いを感じる近い距離感を意識して撮影します。編集では、動きにサウンドエフェクトをつけたり、テロップや音を工夫すると、より楽しくかわいい動画に仕上がります。

撮影のポイント

① ペットと同じ低い目線で撮影する
② ズームレンズでペットの急な動きを逃さない
③ フレームアウトしないように広めの画角で撮る
④ AFは追尾にしてペットの動きを追う

編集のポイント

1 シーンに合った数種類のBGMを入れる
2 ペットの動作に効果音をつける
3 飼い主の気持ちをテロップで入れる
4 ペットの気持ちをテロップで入れる
5 テロップのフォントはゴシックや丸文字で楽しげなものを使う

動画でチェック　https://bit.ly/3LccWzF

あると良いアイテム

- ズームレンズ　● 広角レンズ
- 三脚・ゴリラポッド

ペットの目線や俊敏な動きなど躍動感を捉えるためには広角レンズが便利。三脚やゴリラポッドを使って離れた場所から撮影すると自然な様子を撮りやすい。

\ 撮影 /

アングルと画角でペットの「かわいい！」を捉える

「もう一度同じ動きをして！」というお願いができないペット動画。かわいいシーンを撮り逃さないための手法を知っておきましょう。

撮影 1 ペットと同じ低い目線で撮影する

ペットの視点は人間よりも低いので、ローアングルから撮り、ペットの視点を共有しましょう。バリアングルモニターやライブビュー機能を使えば姿勢にも無理がありません。俯瞰や飼い主目線など、ときどき高さを変えて撮っておくとバリエーションが出ます。

撮影 2 ズームレンズでペットの急な動きを逃さない

走ったりジャンプしたり、ペットの動きが多い場合は、急な動きに対応できるようズームレンズを使いましょう。遠くから自然体な姿をとらえることもできます。

撮影 3 フレームアウトしないように広めの画角で撮る

ペットが動き回る場合、広めの画角で撮っておくとフレームアウトを防げます。また編集時に好きな場所を切り抜いて使えるので編集時の使い勝手も良いです。

＼編集／

音編集でよりペットの魅力を伝える

ペットの雰囲気やシーンに合ったBGMや効果音を使うことで、
見る人によりかわいさが伝わり、シーンが盛り上がります。

編集 1

シーンに合った数種類のBGMを入れる

BGMはシーンの雰囲気に合わせていくつか選びましょう。たとえば、ペットがのんびりくつろいでいるシーンでは呑気な曲(❶)、遊びまわっているシーンでは楽しくアップテンポな曲(❷)など、シーンごとにBGMを変えると、切り替えになりメリハリがつきます。

編集 2

ペットの動作に効果音をつける

ペットが驚いたり喜んでいるときなど、感情や動きに変化があった際に効果音をつけると、ペットの愛らしい世界観を表現できます。ここではP.43で紹介した「効果音ラボ」の素材の「パッ」「拍子木1」「ピューンと逃げる」などを使っています。

＼編集／

テロップはそれぞれの目線で表現する

短い言葉でもテロップがあると、見る人はより動画の世界に入り込んで楽しめます。飼い主目線、ペット目線（代弁）の2種類のテロップを入れてみましょう。

編集 3

飼い主の気持ちをテロップで入れる

動画に会話やストーリーがあったほうが見ていて飽きにくいのですが、ペットは会話ができません。そこで、飼い主（撮影者）が感じたことなどをテロップで表示すると、見る人の共感や興味を呼びます。

編集 4

ペットの気持ちをテロップで入れる

ペットが「まるで人間みたい」と感じる瞬間は多いものです。そんなシーンには、言葉を話せたら、どんなことを喋っているかな？と考えながら、テロップでペットの気持ちを代弁してあげると、見ていてより楽しい動画になります。

思い出の写真をより素敵に

フォトムービー

Point

演出を駆使して写真をつなげ、見応えのある動画に

フォトムービーは、写真をつなげてトランジションや音楽を組み合わせる方法です。結婚式や卒業イベントなどで流すのにぴったり。新たに用意するなら横位置で統一するのがおすすめですが、縦横写真が混在する場合は、ごちゃつかないように順番や配置を工夫しましょう。動画を流すスクリーンが小さい場合はテキストや写真を大きくしたり、大きい場合は小さめに配置して調整を。

|| 編集のポイント ||

1. トランジションで写真をなめらかにつなげる
2. トランジションは同一のセクションで統一
3. 編集前に写真の色味を統一する
4. 音楽に合わせて写真を表示する
5. フィルム風で懐かしさのある動画に
6. フォントや色の種類は3種類以内にする
7. 手書き文字でオリジナリティーを演出

あると良いアイテム

● ペイントアプリ

基本的に写真と編集ソフトさえあればつくれますが、ウェディングなどにおすすめの直筆文字を入れる演出をする際には、スマホのペイントアプリがあると便利。

動画でチェック　https://bit.ly/3LeRD1f

＼編集／

トランジションで写真を動画のように見せる

見応えのある動画にするためにトランジションは必須！　ただ、動画全体に統一感をもたせるために、トランジション選びを慎重にしましょう。

編集 1

トランジションで写真をなめらかにつなげる

フォトムービーでは素材が静止画なので、動きをつけるためにトランジションを使うのがおすすめです。トランジションを入れることで、場面と場面のつなぎに躍動感が出ます。

クロスディゾルブ

使いやすいしっとり系のトランジションとして「クロスディゾルブ」がおすすめ。

編集 2

トランジションは同一のセクションで統一

トランジションの種類をたくさん使いすぎると騒がしい動画になるので、同系統のものを数個におさえ、動画全体のテイストが整うようにしましょう。DaVinci Resolveのトランジションは、「ディゾルブ」「アイリス」「モーション」などのセクションに分かれています。同じセクションに割り振られているものを使えば問題ありません。

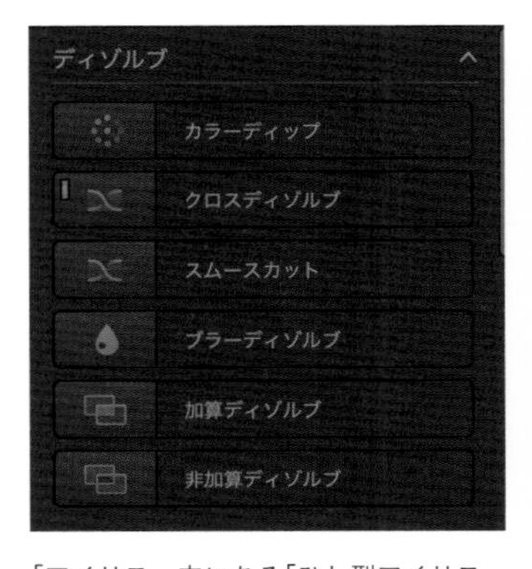

「アイリス」内にある「ひし型アイリス」と「三角形アイリス」であれば統一感が出るが、別セクションの「カラーディップ」と「ひし形アイリス」だとうるさく見えてしまう場合も。

アイリス
ひし型アイリス
アローアイリス
クロス型アイリス
三角形アイリス
五角形アイリス
六角形アイリス
四角形アイリス
楕円アイリス
目アイリス

\ 編集 /

色味や音楽で統一感のある映像に

写真の色調を揃えたり、写真を表示するタイミングと音楽を合わせることで、バラバラな素材も統一感のある映像に！

編集 3

編集前に写真の色味を統一する

たとえば結婚式で流す自己紹介ムービーをつくる場合、いろいろな年代や場所、異なる機材で撮影した写真が混在します。色味や露出が違う写真が同じ動画内にあると、統一感がなく雑多な印象に。それらの素材は編集ソフトに入れる前に加工アプリなどで色味を整えておきましょう。モノクロやセピアにするなど色味や質感の調整も、動画編集前にやっておくことをおすすめします。

iPhoneで撮影

加工アプリ「VISCO」で同じフィルターをかける

一眼カメラで撮影

編集 4

音楽に合わせて写真を表示する

フォトムービーは、動画素材を使った動画に比べて動きが少ないため、BGMの印象が強くなります。曲のテンポに合わせて写真を表示すると、見ていて気持ちの良い動画に。歌詞があるBGMは、写真と歌詞の内容がリンクしているシーンで歌詞をテロップにすると、よりメッセージ性のある演出ができます。

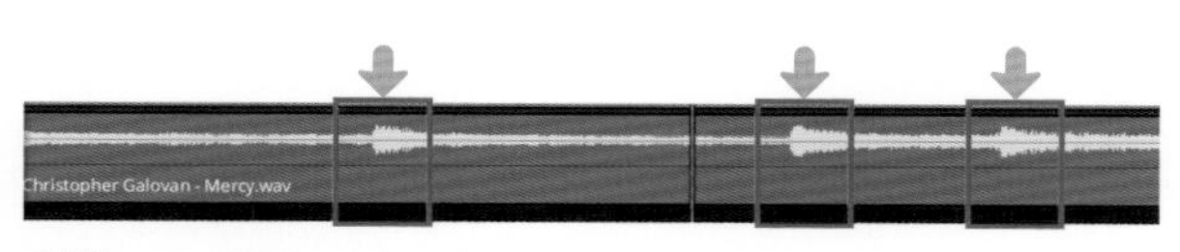

大雑把に見る場合、大きい波の部分を境目にテロップや素材を切り替えるといい。

＼ 編集 ／

フィルム風＋文字でセンス良く仕上げる

フォトムービーをおしゃれに仕上げる演出方法として、
「フィルム風の仕上げ」「文字のポイント」「手書き文字」の3つをご紹介します。

編集 5 フィルム風で懐かしさのある動画に

見本動画では使用していませんが、フィルム写真で撮影したような、粒子感と褪せた色合いの加工も効果的。DaVinci Resolveで再現しやすいおすすめの演出です。

1 エディットページで写真素材をタイムライン上に並べる。

2 左上の「エフェクト」→「ツールボックス」内の「エフェクト」の「調整クリップ」を 1 の上の段にのせる。

3 調整クリップに「ツールボックス」内の「エフェクト」の「Colored Border」をドラッグ＆ドロップ。

4 右上「インスペクタ」→「エフェクト」→「Colored Border」で、「Color」を黒にし、ソフトエッジ、境界線の幅、角の丸みを調整して周辺を暗く。

5 調整クリップに「フィルター」の「フィルムダメージ」をドラッグ＆ドロップ。右上の「インスペクタ」→エフェクト内「Open FX」で効果のかかり具合を調整。

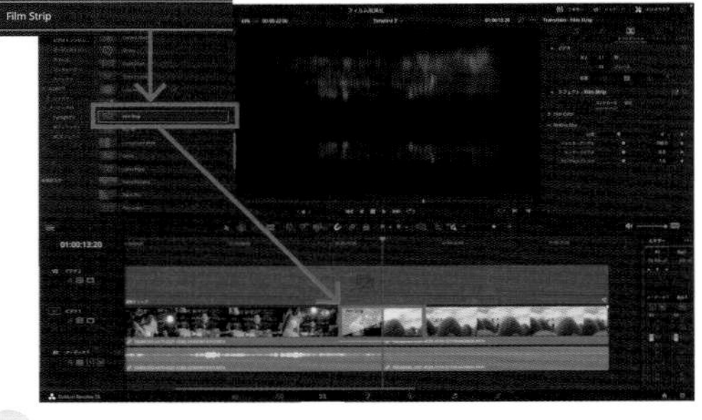

6 左上の「エフェクト」→「ビデオトランジション」→「Film Strip」を選択し、素材の間にのせる。

編集 6

フォントや色の種類は3種類以内にする

動画が野暮ったく見える最大の原因は、フォントや色の使いすぎ。まとまりがありセンスのいい動画をつくりたいなら、フォントや色は多くても3種類以内におさえること。同じファミリーフォント内の太さ違いを選んで強弱をつけると統一感が出ます。色の組み合わせは、写真の中に使われている色から1色を選び、同系色でまとめると失敗がありません。

○ 白地に黒はシンプルで間違いなし！

かけがえのない瞬間をここに

× 色背景に縁文字に色付き……野暮ったい！

編集 7

手書き文字でオリジナリティを演出

見本動画では使用していませんが、文字を使った少し凝った方法としては、手書き文字を入れるとオリジナリティがアップし、より手作り感のある動画になります。スマホやタブレットを使用してサインを書き、その画像を動画に入れるだけ。画像は文字以外の背景が透けるよう、透過させる必要があります。ここでは、手書き文字をつくるのにおすすめのスマホアプリ、「アイビスペイントX」で手書き文字をつくってみましょう。

1 スマホやタブレットにアイビスペイントXのアプリをインストールする。

2 「マイギャラリー」をタップ。「＋」ボタンをタップする。

3

キャンバスの大きさを選ぶ。カスタムで3840×2160にしておく。全画面で表示したり編集で縮める場合にも対応できる。「OK」をタップ。

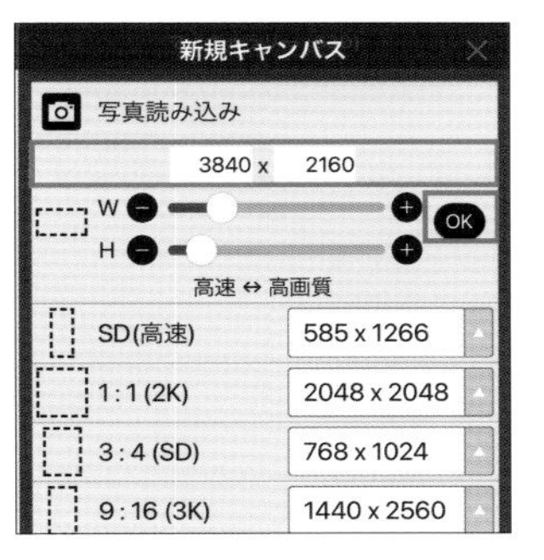

4

ブラシを選択する。

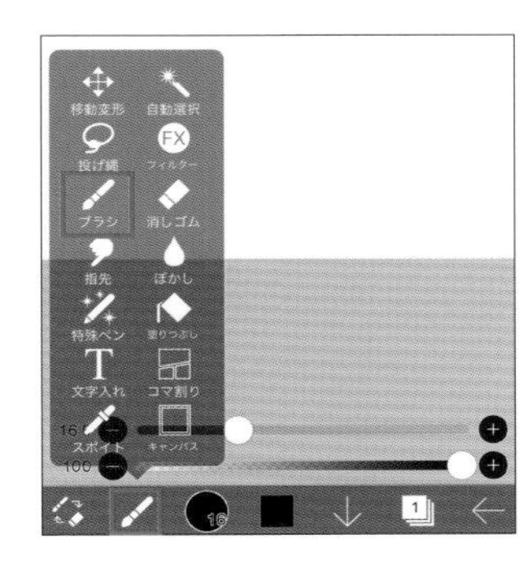

5

ブラシの種類や太さを好みのものに調整する。シンプルなものではデジタルペンが使いやすい。

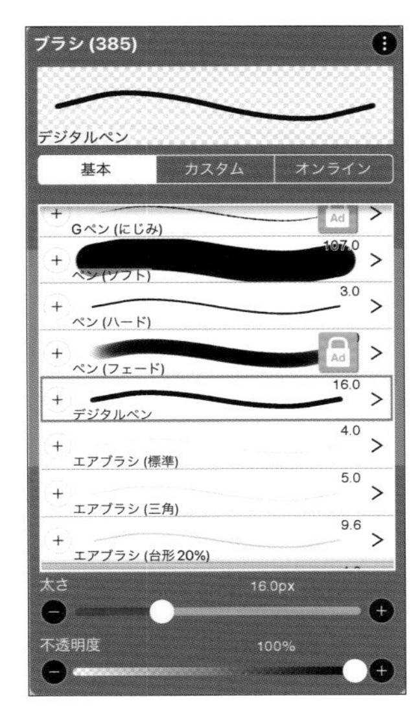

6

白い文字が見えるよう、画面右下のレイヤーで背景が黒っぽいものを選択。

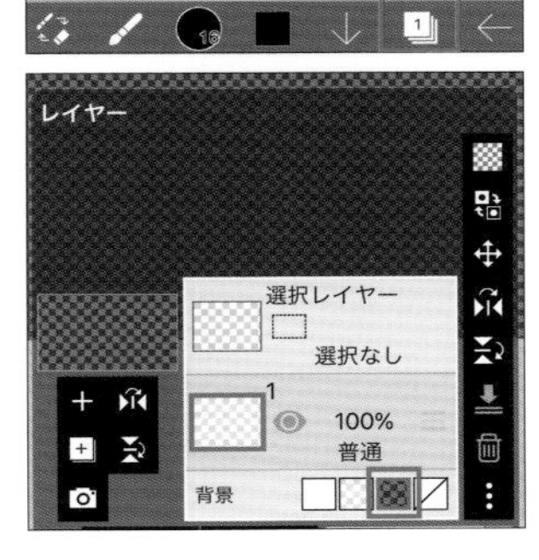

7

文字色を白にする。画面下のカラーを選択して、白をタップ。

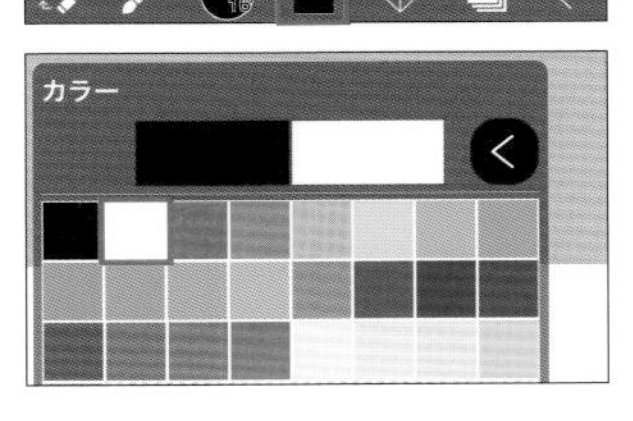

8

キャンバスに白でサインを書き、「透過PNG保存」を選択して保存する。

9

保存した透過画像をDaVinci Resolveのタイムラインに入れる。クリップより上の段に置く。

CATEGORY 7

お気に入りの商品の魅力をシェアする

アイテム紹介・PR動画

Point

映像とテキストで商品の良さを説明しよう

購入商品のレビューや自社商品を紹介する「アイテム紹介・PR動画」。ポイントは、商品の詳細を動画だけでなく、テキストでも伝えること。商品名やメリット、使い方のコツなど、喋るだけでは十分に伝え切れない情報をテキスト化します。「自分が視聴者だったら、商品のどんな部分について知りたいと思うか」を想像しながら撮影や編集をしてみましょう。

撮影のポイント

1. 商品を開封するところからスタート
2. 商品は全体と寄りを撮っておく
3. 実際の使用シーンを撮っておく
4. テキストを入れる余白を空けておく
5. ポイントを3つ程度あげて説明する

編集のポイント

1. テキストを多めに入れてテンポ良く
2. 商品名はテキストにして視認性アップ
3. 解説中はBGMはなくてOK

動画でチェック https://bit.ly/3NggWBR

あると良いアイテム

- 三脚
- 外部マイク

自分も画面に写って商品を紹介する構成が多いので、三脚があると便利。商品の説明をする声が聞き取りやすいよう、外部マイクを用意します。

\ 撮影 /

商品の良さを知ってもらう工夫する

カメラの前に商品を置いて説明するだけでは、商品の魅力は伝わりません。ワクワクを共感し、「使ってみたい！」と思わせる動画に。

撮影 1

商品を開封するところからスタート

撮影できる場合は、手元に届いて開封するところから撮影しましょう。どんな状態で届くかという説明になり、見る人のワクワク感を引き出す効果があります。

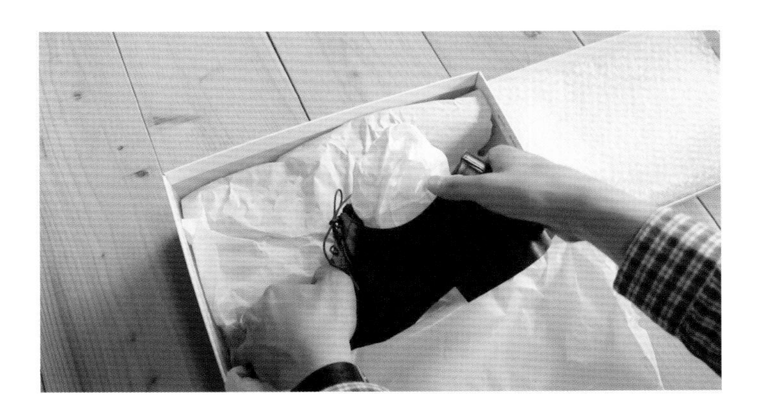

撮影 2

商品は全体と寄りを撮っておく

商品はさまざまな角度で撮影して、どんな商品なのかが映像で伝わるようにします。最低限おさえておきたいのは、やや引き気味で全体像がわかるカットと、商品の色味、細部のつくりや素材感がわかる寄りのカットです。

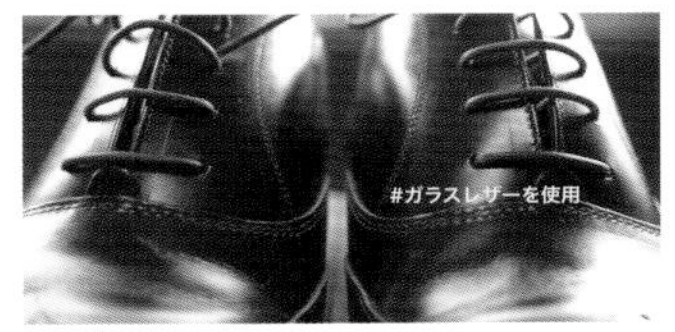

撮影 3

実際の使用シーンを撮っておく

使用イメージがわくように、実際に使っているシーンを構成に入れましょう。「自分が使うときは、こんな感じで使ってます」といった紹介の仕方をするとわかりやすいです。

撮影 4

テキストを入れる余白を空けておく

ここからは説明動画の撮影です。三脚にカメラをセットして自撮りで説明していきます。商品の説明などをあとからテキストで入れることを考えて、左右のどちらかに被写体を寄せて撮影しておきましょう。あらかじめ説明する内容をまとめておきます。

撮影 5

ポイントを3つ程度あげて説明する

商品の良い点を語るとき、ポイントをいくつかにまとめると簡潔に伝わります。３つ程度ポイントをあげて、その説明がよくわかるカットから撮影しましょう。また、良い部分だけでなく、マイナス点や購入をおすすめできない対象などに触れておくと、公平で信頼のおける動画になります。

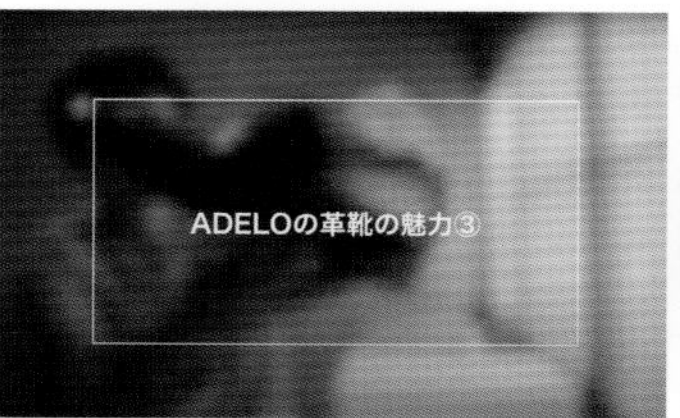

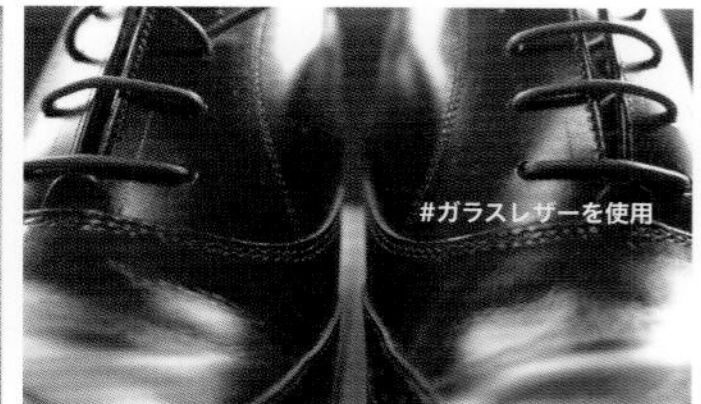

＼ 編集 ／

解説動画を飽きずに見せる工夫をする

商品紹介の動画は、商品の物撮りや着用シーンなどのイメージ動画を先に見せ、解説動画につなぎます。人が話すだけの動画は飽きやすいので、テキストやインサートなどで変化をつけましょう。

編集 1

テキストを多めに入れてテンポ良く

テキストで「これから何を解説するか」を明確にしましょう。話し手が長々と喋り、絵に変化がない動画は飽きて飛ばされてしまうので、テキストを次々と表示させ、画面に変化をつけます。

商品名をテキストにして視認性アップ

視聴者が調べて探せるように、画面上にテキストで商品名を記載しましょう。YouTubeにアップする際は概要欄などにも商品情報やリンクを貼っておくと親切です。

CATEGORY 8

テンポの良いバラエティ番組をつくろう！

YouTuber的な企画動画

Point

インサートやテンポを工夫して楽しい番組に！

YouTuberのような企画動画は、喋っているところを流して撮影するので、セッティングしてしまえばカメラワークは他のジャンルに比べると比較的簡単です。その分、編集作業に凝って飽きない番組にすることが大切。テレビのバラエティ番組をつくるイメージで、インサートや速いテンポ、見やすいテロップ、小窓（ワイプ）などを取り入れましょう。編集のアイデアをご紹介します。

撮影のポイント

1. 脚本をしっかりつくる
2. 三脚を使って自撮りをする
3. スタッフや視聴者に話しかけて親しみやすさを出す

編集のポイント

1. フォントで人物や気持ちを表す
2. アイキャッチで場面を切り替える
3. オチなどにエコーやリバーブをかける
4. 「えっと」「あのー」はカットをする
5. 間延びするシーンは早送りする
6. インサート中にワイプを入れる
7. BGMは会話が聞こえる音量に

動画でチェック　https://bit.ly/41Khxjc

あると良いアイテム

- 三脚
- 照明
- 外部マイク

定点カメラで撮影することが多いため、三脚を用意。また、外部マイクや照明で音や光も整えることで、より良い動画素材を撮影できます。

＼編集／

視覚効果でわかりやすさをアップする

何をするのか、誰が喋っているのか、視覚的にわかりやすく伝えるには、テキストの工夫と画面の切り替えを入れてみましょう。

フォントで人物や気持ちを表す

テロップの色や太さ、フォントを変えることで、視認性がアップします。たとえば複数人で会話が繰り広げられる動画の場合、人物ごとにボイステロップの色を変えると、誰が話しているかわかります。またテンションや気持ちの起伏によって、文字の太さやフォントを変えると楽しさがアップします！

編集 2

アイキャッチで場面を切り替える

「アイキャッチ」と呼ばれる切り替えの画を入れましょう。チャンネルのタイトルなどをアイキャッチとして入れると、視聴者が「ここから内容が変わるんだな」と自分が動画のどこを見ているのかがわかりやすくなり、視聴を継続してもらいやすくなります。

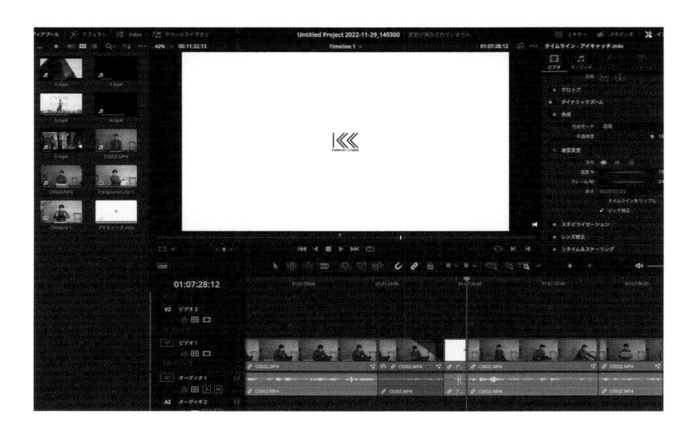

＼編集／

音編集でおもしろさとメリハリを出す

企画動画では、オチやツッコミを強調してよりおもしろくしたり、
テンポ良く展開するために音の効果がとくに重要です。

編集 3

オチなどにエコーやリバーブをかける

「オチ」「ボケ」「ツッコミ」など会話のポイントの言葉にエコーやリバーブをかけることで、強調したい部分がわかりやすくなります。またエコーやリバーブをかけると同時に、画面をモノクロにする編集をするとちょっとシュールな雰囲気が出せます。

音編集→P.169参照
モノクロ→P.160参照

編集 4

「えっと」「あのー」はカットする

会話をするときに、つい口に出てしまう「えっと」「あのー」「まぁ」といった場つなぎ表現。これらは言い淀みや自信のない雰囲気を与えるので、ある程度カットしましょう。会話のテンポが上がり、伝えたいことが端的に伝えられます。

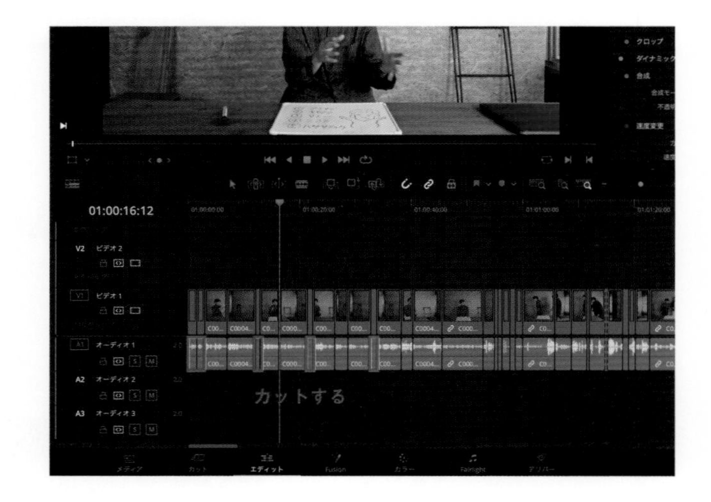

＼編集／

バラエティのように飽きさせないアイデア

人が話しているだけの動画は間延びしてしまいがちです。
早送りやワイプ、インサート画像などを入れて飽きさせない工夫を。

編集 5

間延びするシーンは早送りする

ダラダラと会話しているときやインサート動画を確認しているときなど、同じシーンが長く続くときは、早送りをして短く編集しましょう。カット編集に比べて、流れや雰囲気は残しつつ、尺を短くまとめることができます。

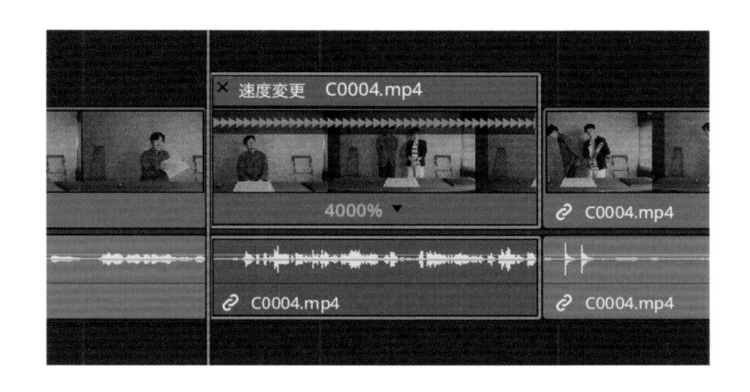

速度変更→P.52参照

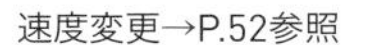

編集 6

インサート中にワイプを入れる

リアクション動画やドッキリ、中継系企画などインサート動画や写真を入れる場合、テレビ番組のように小窓（ワイプ）を入れてみましょう。出演者側が見ている映像を流すだけでなく、出演者のリアクションも見せることで、番組への没入感がアップします。

1 タイムラインでワイプにしたい動画を選択。Fusionページを開き、「楕円形」をクリック。

2 画面中央の赤い部分をクリックして動かしながら切り抜きたい部分を選択。ノードが追加される。

3 エディットページに戻り、右上の「インスペクタ」→ビデオ内「変形」で小窓の大きさや位置を調整。

CATEGORY 9

人物の想いやストーリーにフォーカスする

インタビュー動画

Point

撮影はシンプル、構成と機材が大切！

インタビューは会社やお店などのPR動画としても用いられることが多いジャンルです。基本的にはカメラを固定して撮影するため、カメラワークが必要な動画ジャンルに比べて撮影しやすいですが、出演者が話す内容を打ち合わせしたり、照明やピンマイクなどの機材が必要になるなど、用意するものも多くあります。撮影前の準備を整えてクオリティの高い動画をつくりましょう。

撮影のポイント

1. ライティングをして人物を明るく写す
2. ピンマイクを使って音の品質を上げる
3. 2台のカメラでアングルを変える
4. 独り語りのように回答してもらう

編集のポイント

1. 話に出てきた映像や写真を差し込む
2. インサート画像が終わる前に話をスタート
3. 内容が変わるときはテキストで伝える
4. 2台のアングルをバランスよくつなげる
5. 聞き手の質問はカット

動画でチェック　https://bit.ly/3UTDf20

あると良いアイテム

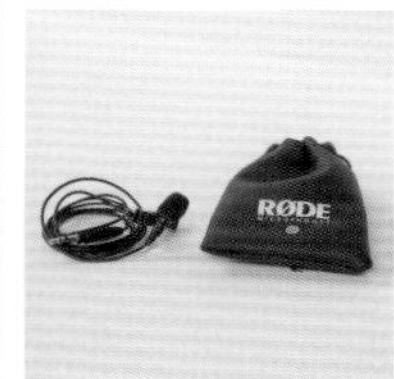

- 標準・望遠レンズ
- カメラ2台　●三脚2台
- 照明　●ピンマイク

画面に変化をつけるために2台のカメラと三脚を用意。人物の顔に光を当てるための照明や音声を録音するピンマイクもあると便利。

＼撮影／

インタビューならではの機材の準備

撮影前の下準備と撮影中の撮り方次第では、プロが撮影したような動画が撮れます。以下を参考にしながら撮影してみましょう。

撮影 1

ライティングをして人物を明るく写す

インタビュー動画は話している人がしっかり明るく写っていることが大切です。背景よりも人物に目がいくように照明を当てましょう。拡散した柔らかい光がオールマイティーです。

撮影 2

ピンマイクを使って音の品質を上げる

話している内容がきちんと伝わることが大切なので、ピンマイクを使って鮮明に話し声を収録しましょう。カメラ本体のマイクや外部マイクでも録れないことはありませんが、ピンマイクを使うと話す内容が伝わりやすく、クオリティが格段にアップします。

撮影 3

2台のカメラでアングルを変える

カメラを2台用意し、1台は広角レンズで斜めから引きで、もう1台は望遠レンズで人物の寄り、といった具合に角度やアングルを変えて撮影しておきます。2台で角度や寄り引きを変えることで、画面に変化が出てプロっぽい印象に。構図を決める際には、人物とテロップを入れる空間をつくっておきます。

カメラ1　やや正面側からアップで右側を空ける。

カメラ2　より斜めから引きで真ん中に。

独り語りのように回答してもらう

インタビュー動画は、聞き手が質問をする声が入るより、話し手が自発的に一人で喋っているように見えたほうがスマートです。一度聞き手が質問をし、話し手は質問を復唱しながら話してもらうとわかりやすいです。質問項目はあらかじめ打ち合わせをしてまとめておきましょう。

(例)
聞き手「ご出身はどちらですか？」
話し手「出身は、〇〇〇です」

＼編集／

インサートの工夫でプロっぽく仕上げよう

話している素材の上に、その内容に合った映像や写真を入れて
スムーズに変化をつけることで、プロ並みのクオリティの動画に仕上がります。

編集 1

話に出てきた映像や写真を差し込む

話している人の動画だけでもインタビュー動画は成立しますが、よりクオリティを上げるなら、インサートを入れてみましょう。たとえば出身地の話が出たら、その地域の風景や名産品などの映像や写真などを差し込むといったことです。イメージがわかりやすいですし、顔だけが映っているより飽きずに見ることができます。話す声や姿がスムーズに入るよう、インサートはインタビュークリップの上段に追加します。

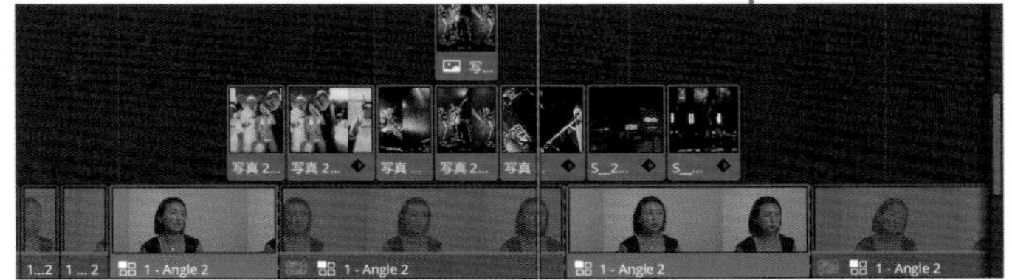

編集 2

インサート画像が終わる前に話をスタート

写真や映像などのインサートが表示されているとき、インサートが完全に終わる少し前に、話している音声をのせて話し始めます。次の展開を予想させ、つながりがスムーズになり、プロっぽい仕上がりになります。

インサート

話している音声

column 2

もっとこだわる！プロクオリティに格上げするアイテム

おすすめ編集ソフト（有料版）

効率的に編集作業を進めたいなら

Final Cut Pro

Appleが出している有料動画編集ソフト。素材をタイムラインの始点方向に寄せ付けることができて不必要なスペースが生まれないマグネティックタイムラインと、初心者でもソフトの構造を理解しやすい簡略化されたユーザーインターフェースが特徴。YouTubeの動画編集や簡易的な編集作業におすすめ。

色味にとことんこだわりたいなら

DaVinci Resolve Studio

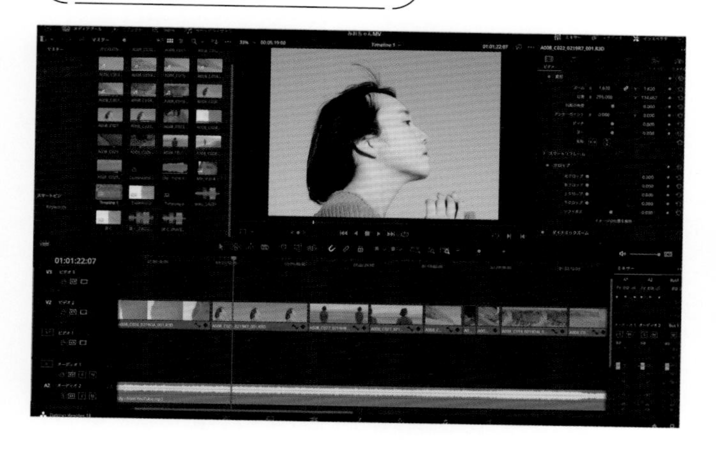

本書で紹介しているDaVinci Resolveの無料版に便利な機能やエフェクトが追加された有料版。動画の色味にとことんこだわれるカラーページ機能と、作業に合わせて画面を変更し、最適な編集ができるのが特徴。プロモーション動画やCMのような細部にこだわった映像をつくる際におすすめです。

おすすめ撮影機材・アイテム

シネマカメラ **BMPCC 6K Pro**

CM撮影では動画に特化した「シネマカメラ」を使用しています。このカメラは6K画質RAW形式の本格的な動画撮影ができ、ミラーレス一眼と同じ価格帯で高コスパ！

照明 **Aputure Amaran 200x**

被写体を美しく見せたり、影や光を活かすならもっておきたい照明。このライトは明るく、色温度も調整可能。価格も5万円程度なのでおすすめ。

ジンバル **DJI RS 2**

ブレの少ないプロっぽい映像に仕上げるジンバル。このジンバルは1.3kgと軽量。安定感はもちろん、フォロー速度調整などさまざまな機能が搭載されていて、動画撮影の幅が広がります。

スライダー **edelkrone SliderPLUS X Long**

きれいに左右に平行移動する画が撮れるスライダー。このスライダーはコンパクトなのに移動（スライド）距離を長くとれ、撮影現場でも大活躍します。

NDフィルター **Kenko 可変 ND フィルター**

レンズに装着すると、カメラに取り込む光を減光させる「NDフィルター」。光量が多いシーンでF値やシャッタースピードの制限を気にせず明るさの調節ができます。シーンによりフィルターの濃度を変えられる可変式のフィルターは撮影に欠かせません！

CHAPTER 4

クオリティUPのための編集テクニック

CHAPTER 4では、基本的な動画制作に慣れてきたところで取り入れたい、プロのような動画に仕上がるワンランク上のテクニックについてご紹介していきます。モザイクをかけたり、コラージュにしたり、人物を切り抜きで見せたり……。一見難しそうなテクニックも、DaVinci Resolveなら簡単に使うことができます。

TECHNIC

TECHNIQUE 1

場面をつなぐスムーストランジション

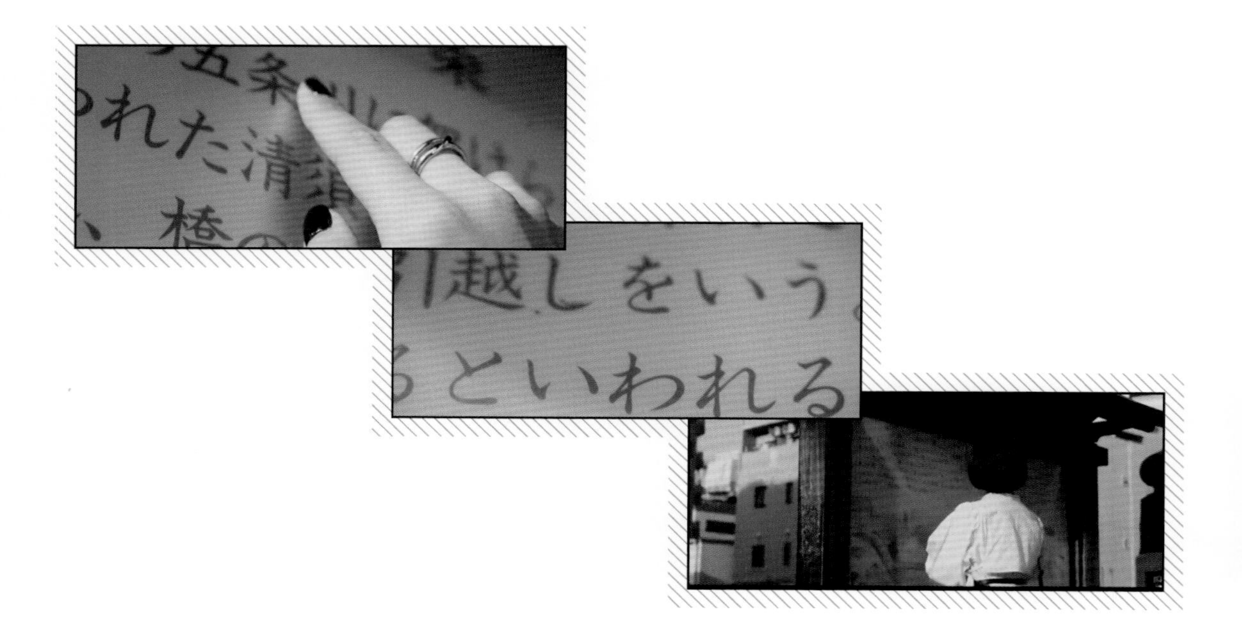

動画は流れが重要です。場面の切り替わりをスムーズかつ魅力的にできれば、見る人の没入感も増します。そこでおすすめなのが「スムーストランジション」のテクニック。2つの素材の間に動きの大きな映像をはさみ込むことで、場面切り替えをなめらかに見せるテクニックです。大袈裟な主張がなく、どんな動画でも使いやすいので、ぜひマスターしましょう。文章では伝わりにくいテクニックなので、P.139のURLから見られる見本動画でイメージをつかんでみてください。

2つのシーンをなめらかにつなげるポイント

はさみ込む映像を撮影するときに右記の3つのポイントを意識すると、編集するときによりなめらかにつなぐことができます。

1. 被写体になるべく近づき、アップで撮影する
2. F値を小さくしてボケ感を出す
3. 前後のカットの色味と近いものでつなげる

撮影方法

開始：指のアップ／動き方：上から下へ

終了：案内板を見る／動き方：上から下へ

1 「開始」&「終了」と「動き方」を決める

どのカット（開始の映像）からどのカット（終了の映像）につなぐかと、カメラが動く方向を決める。今回は「指のアップ」から「案内板」へとつなぐ。カメラワークは視線の流れから考え「上から下」への動きに。

2 素材を撮影する

案内板の文字を指で追う様子を、上から下のカメラワークで撮影する。「開始」と「終了」の素材の間にはさむ「つなぎ」として、案内板の文字のアップも上から下の動きで2パターン撮る。

編集方法

1 素材を取り込み順番に並べる

エディットページで、動画素材を指のアップ（開始）→文字（つなぎ）2種→案内板を見る人（終了）の順番で並べる。カメラの動きを計算しているので順番に並べるだけで、自然な流れになる。

2 3つの素材の長さを調整する

開始／つなぎ／終了それぞれ、1〜2秒程度に短くカットする。2番目のつなぎの映像は、速度変化で素早く流して躍動感をつける。

見本動画では速さを変えて強弱をつけています

TECHNIQUE 2

部分的に隠すモザイク

自動車のナンバーや通行人の顔、お店の看板などが画面に映り込んでしまっていて消したい場合、部分的にモザイク加工をする必要があります。また演出として、あとから見せるけれど今のタイミングではまだ見せたくないものにモザイクをかけることで、見る人の期待感をアップさせる手法も。モザイクを追従させるのも簡単なのでぜひ活用しましょう。

モザイクの漏れに注意！

モザイクを入れたはずなのに1場面だけ外れていた！という失敗をよく耳にします。動画を公開する前にすべてのクリップにかかっているか、しっかり確認しましょう。

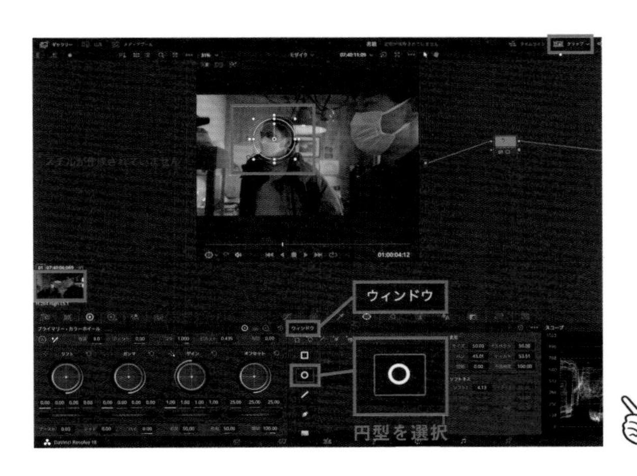

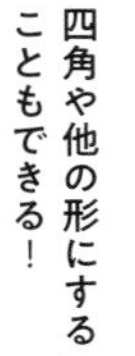
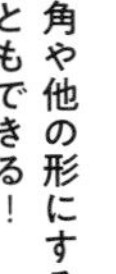

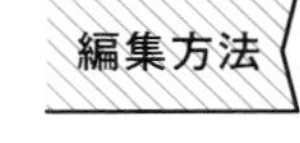

1

ウィンドウを作成する

カラーページを開き、右上の「クリップ」をオンにして左中央で調整したいクリップを選択し、中央の「ウィンドウ」をクリック。今回は丸型のウィンドウをクリック。ビューアに表示されたウィンドウをモザイクをのせたい位置に移動し調整。

2

「エフェクト」から「ブラー（モザイク）」を選択

画面右上「エフェクト」から「ブラー（モザイク）」を選択し、左にあるノードにドラッグ＆ドロップする。

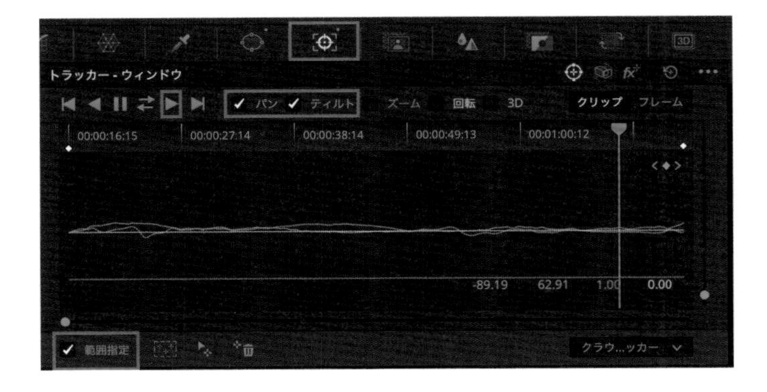

3

トラッキング（追従）の設定をする

画面中央のトラッカーを選択。トラッカー-ウィンドウが表示されたら、「パン」「ティルト」だけにチェックをつけ、左下部にある「範囲指定」にチェックをつける。ウィンドウ左上の▶「順方向にトラッキング」を押すと、自動的にモザイクの対象を追従する。

TECHNIQUE 3

コラージュ編集で雑誌のように

コラージュ編集とは、雑誌や写真集のように複数の映像やテキストを1つの画面にレイアウトする方法です。1画面内に表示できる情報量が多くなるため、伝えたいことをコンパクトに見せることができます。動画の流れにアクセントを加えたいときにも重宝します。さらに、撮影した映像が大きく使えないときの応急処置としても活用できるので覚えておきましょう。

コラージュ編集はよく吟味してから使おう

コラージュすると、1つの画面内で複数の映像が同時に動く形になるので、多くの映像を入れすぎて騒がしい印象にならないように、画面内のバランスに注意。構成としても何度も使うとごちゃつくので、強調したいところのみに使うなど、全体の構成をよく考えてから使いましょう。

動画でチェック https://bit.ly/43OpRzZ

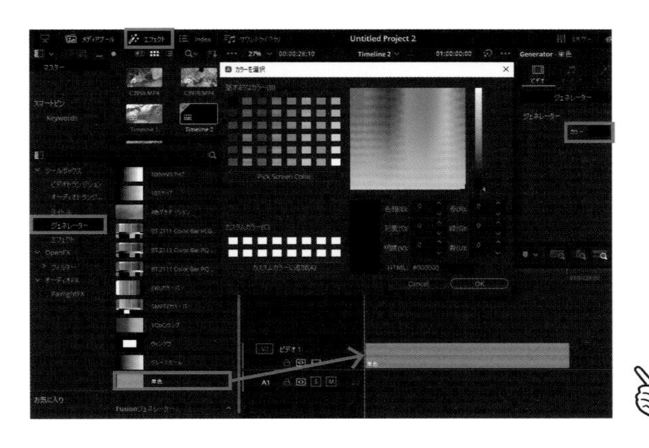

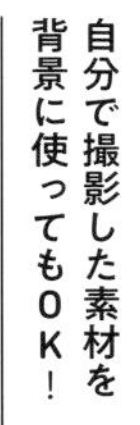

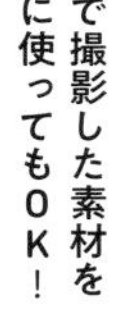

背景を選ぶ

エディットページで使いたい素材をドラッグ＆ドロップでタイムラインにのせる。ここではグレーの背景にしたいので、左上の「エフェクト」→「ジェネレーター」→「単色」を選択。右上の「インスペクタ」→ビデオ内「ジェネレーター」の「カラー」をダブルクリックしてグレーを選択。

背景の上に動画素材をのせる

タイムラインの背景素材の上の段に動画素材をのせる。クリップを選択した状態で、右上「インスペクタ」→ビデオ内「変形」で動画のサイズと位置を調整する。

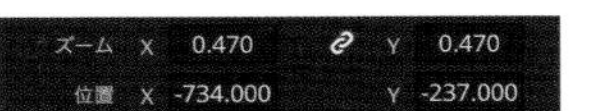

ズームの数値を小さくすると画像が縮小される。位置はXとYで上下左右に調整できる。

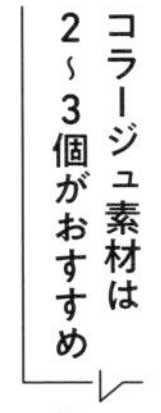

3

他の素材も配置する

2と同じ要領で、他の動画素材や画像、文字などを配置して完成。文字（タイトル）の入れ方はP.70参照。

画に集中させるデジタルズーム

デジタルズームは、映像の中で強調したい場面に使うと効果的です。撮影時に一眼カメラのレンズでズームをした場合、焦点距離が変わるので被写体と背景の映り方が変わります。一方、デジタルズームは見え方が変わらないまま拡大・縮小します。画像を拡大するため、解像度が低くなり粗い映像になりやすいので拡大のしすぎに気をつけましょう。ここでは、被写体に徐々に寄っていくズームインと、被写体から離れていくズームアウトの方法をご紹介します。

被写体に寄っていくズームイン

徐々に被写体に寄ってアップにしていく手法。次のようなシーンで使います。

●商品紹介などで、撮影時にカメラで寄り切れなかった場合に編集でアップで見せ、商品の魅力を伝える。

●三脚での撮影など、動きの少ない動画はゆっくりズームインをさせるとアクセントに。

被写体から離れていくズームアウト

徐々に被写体から離れて全体を広く写していく手法。次のようなシーンで使います。

●壮大な景色に人が立っているシーンで、人の寄りから景色にズームアウトすることで景色の壮大さを引き立てる。

●商品がズラリと並んでいるシーンで、１つの商品の寄りからズームアウトして盛りだくさんな雰囲気を演出する。

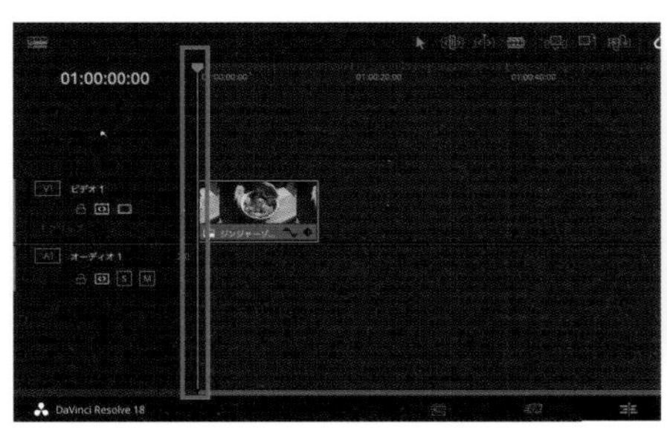

ズームアウトするなら開始の
ズームの値を大きくする

ズームの スタート位置を決める

エディットページで、デジタルズームをかけたいクリップを選択し、ズームを始める場所に再生ヘッドを配置する。次に右上の「インスペクタ」→ビデオ内「変形」内にある「ズーム」の右のボタンを押して赤く変化させる。この操作で「最初はこの大きさ」と設定できる。少し寄りからズームインする場合やズームアウトをする場合は、「ズーム」や「位置」の数値をドラッグして左右に動かして調整する。

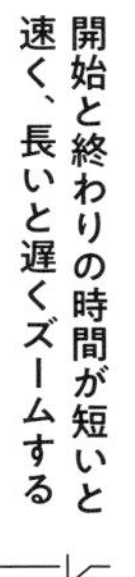

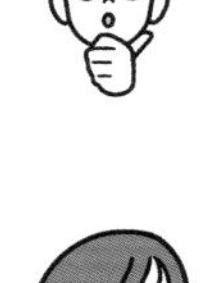

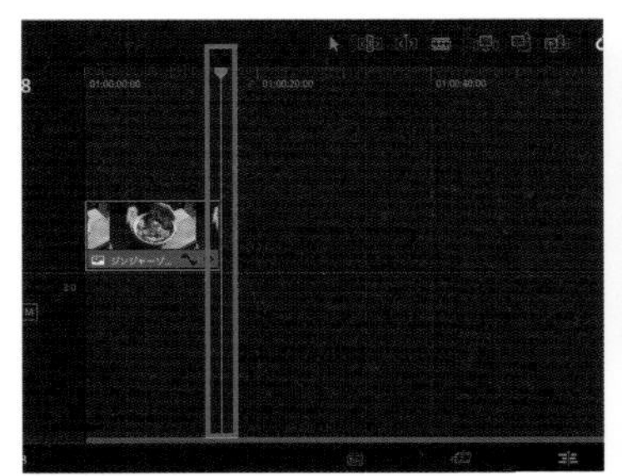

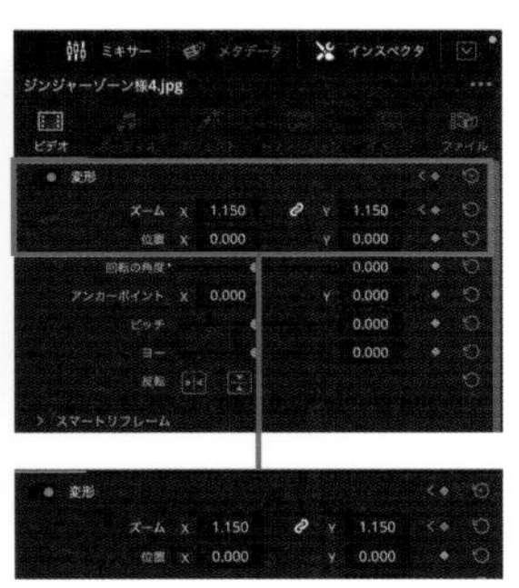

見本動画ではゆっくり15秒かけて1.15ズームする設定に。

2

終わりの大きさを 決める

再生ヘッドをズームの終わりの位置に配置する。「ズーム」や「位置」の値を変化させる。ズームインなら1より大きい値に、ズームアウトなら1より小さい値に設定を。

デジタルズームの速度で印象が大きく変わる

ズームの速度が速い場合、軽やかでポップな印象になりますが、慌ただしい雰囲気にもなりがちです。反対にズームの速度が遅い場合はゆとりや重さを感じさせ、落ち着いた雰囲気を演出することができます。動画の雰囲気に合わせてズームの速さを調整しましょう。

TECHNIQUE 5

非現実的な動きが映える逆再生

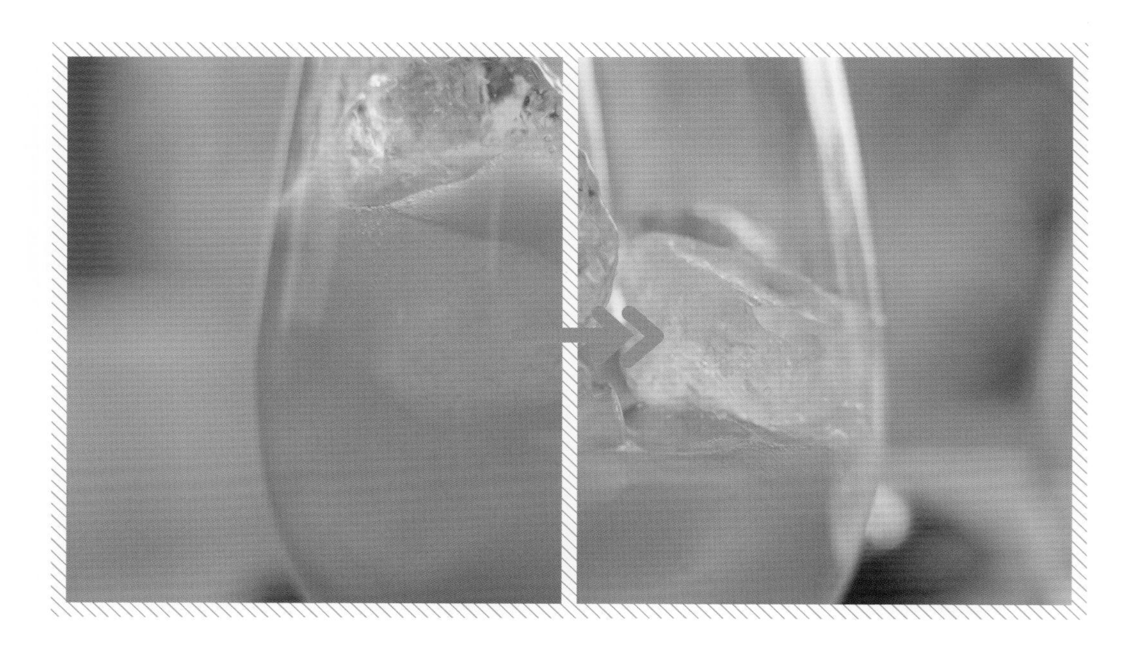

オープニング動画や映画的な作品では、現実では起こらない非現実的な表現が用いられることがあります。時間が遡る逆再生映像はその代表。見る人に視覚的な違和感を与えることで、映像に惹きつけます。さらに逆再生と通常再生を組み合わせると、より違和感が際立ちます。

編集方法

1 動画素材を取り込む

エディットページを開き、動画素材をタイムラインに入れる。

動画でチェック https://bit.ly/3ootCw3

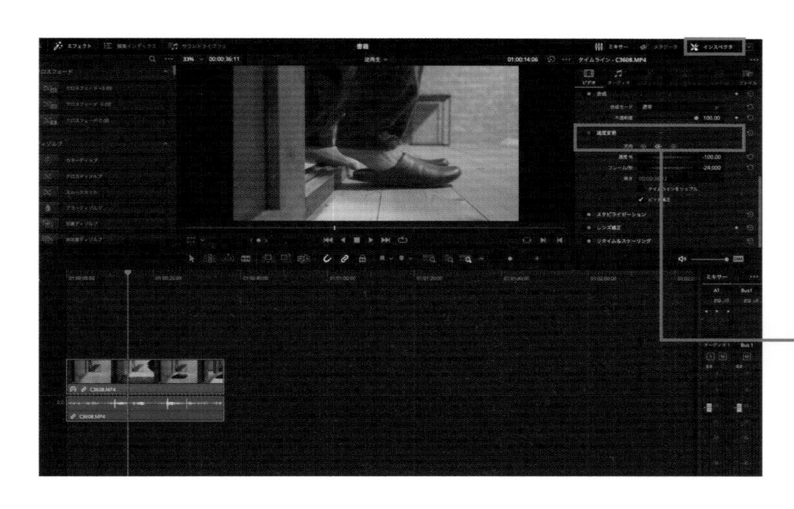

2 逆再生にする

クリップを選択した状態で、右上の「インスペクタ」→ビデオ内の「速度変更」で、「方向」の矢印で左向き（逆向き）をクリックする。

応用編

通常→逆→通常でループするような映像に

通常再生の素材の間に逆再生の素材をはさむ手法です。普通の時間軸の流れが一時的に逆転し、また元の時間軸の流れに戻るため、細かくループするような印象になります。

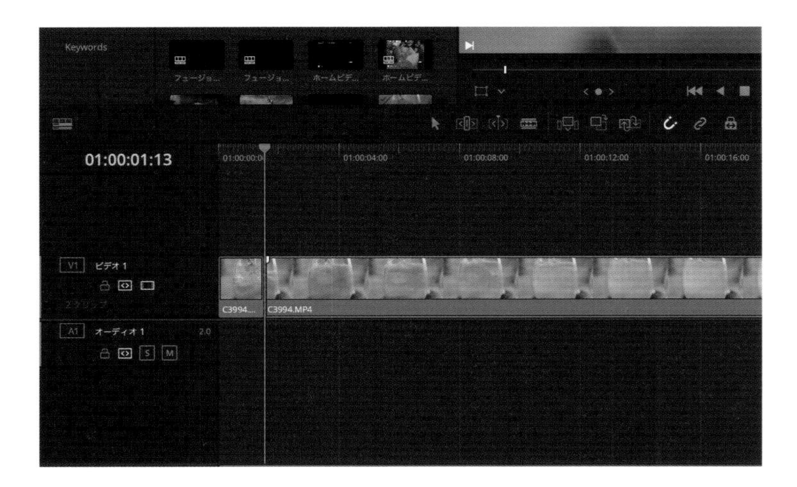

1 クリップを分割する

エディットページで対象のクリップを選択し、通常再生と逆再生を切り替えたい位置に再生ヘッドをスライドさせる。[Ctrl(command)] ＋[B] でカットし、右側のいらない部分を選択し、[Backspace(Delete)] で削除。

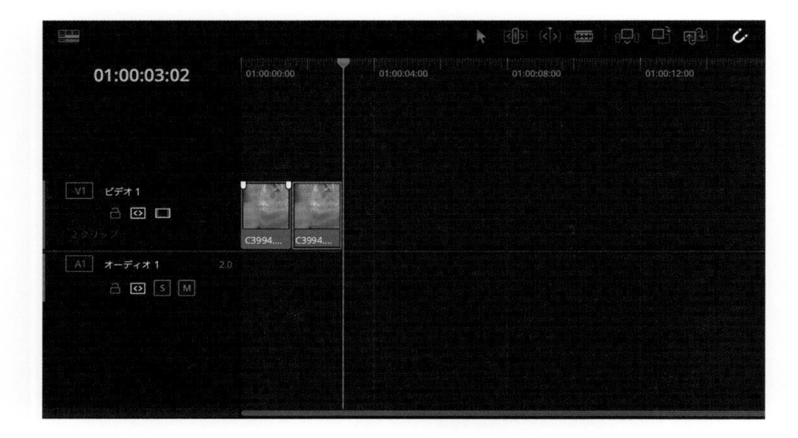

2

クリップをコピーする

通常再生のクリップをコピーする。クリップを選択し、[Ctrl(command)] +[C] でコピー。再生ヘッドをクリップの右端に移動してから[Ctrl(command)] +[V] でペーストする。

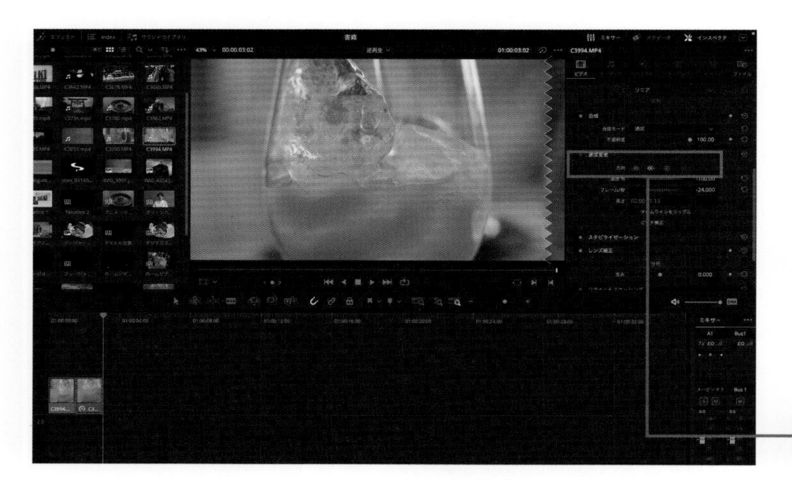

3

コピーしたクリップを逆再生にする

コピーしたクリップを選択し、右上「インスペクタ」→ビデオ内の「速度変更」で逆再生にする。

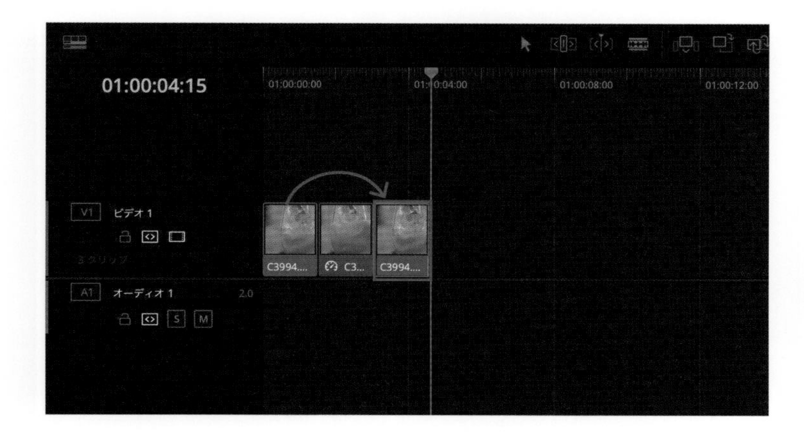

4

通常再生のクリップを配置する

最後に通常再生のクリップを**2**の要領でコピーして、逆再生のクリップの後ろに配置する。

逆再生部分の速さを変える

逆再生のクリップのみにスローや倍速をかけると、よりリズムに変化のある見せ方にできます。速度変化は「リタイムコントロール」でもできますが、ここでは「速度変更」内の「速度」で調整します。

逆再生・倍速

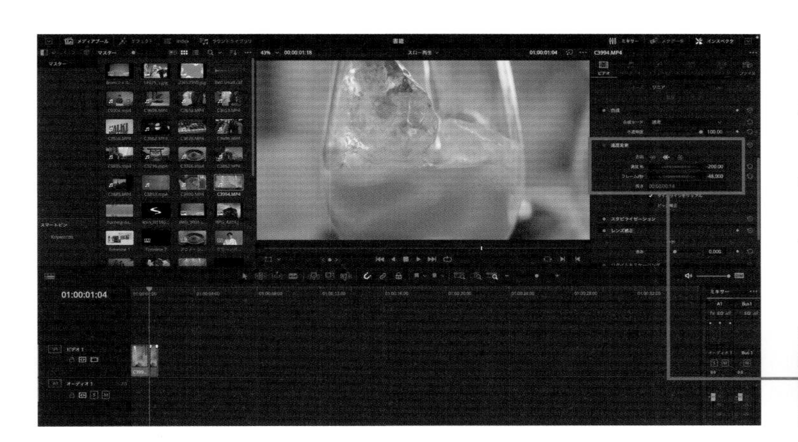

1 逆再生の素材にスロー（または倍速）をかける

逆再生のクリップを選択し、右上の「インスペクタ」→ビデオ内「速度変更」で調整。スローの場合は「速度」を「-50.0」に、倍速の場合は「-200.0」に変更する。

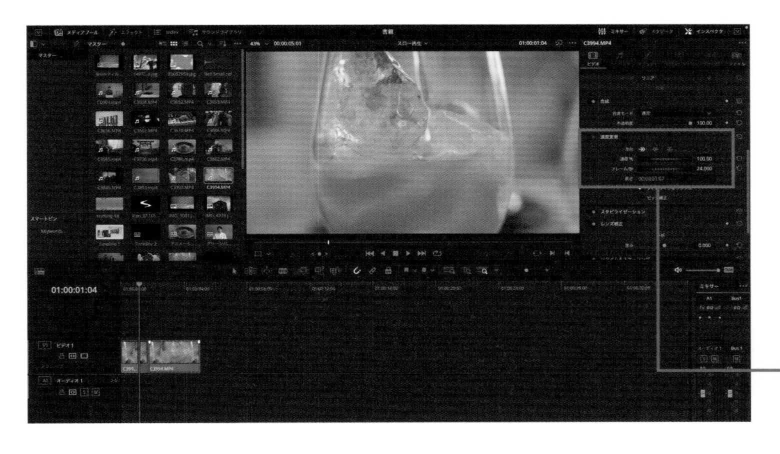

2 逆再生の次は通常速度にする

逆再生のクリップを[Ctrl(command)]＋[C]でコピーし、[Ctrl(command)]＋[V]で逆再生クリップの右にペースト。ビデオ内「速度変更」で右向き矢印を選択。速度を「100.0」に変更する。

逆再生の使いすぎには要注意！

逆再生は「違和感」を与えるため人を惹きつけますが、それは現実的な表現が続く中でという前提があってこそ。逆再生を使いすぎてしまうと、かえって見る人はその映像に慣れてしまい、違和感を感じなくなってしまいます。逆再生は1〜2ヶ所程度、ここぞ！というシーンで使いましょう。

TECHNIQUE 6

気持ちの揺らぎを表現シェイクエフェクト

バラエティ企画系の動画の見せ方の1つで、喜怒哀楽の感情がたかぶったときや、場面を強調させたいときに画面を揺らす手法です。揺らす幅や大きさによって感情の揺れ具合を表現することができます。画面だけではなく文字や入れ込む画像にも使えますが、すべてを揺らすと見づらい上に効果がなくなるので、ベースの映像か、文字や映像のどちらか一方を揺らすのがポイントです。

メリハリが大事な企画動画におすすめ

シェイクエフェクトは、動画の一番おもしろいシーン、盛り上がるシーンや、強調したいシーンに入れると効果的です。YouTubeの企画動画など、トークがメインで調子が変わらない動画に入れるとメリハリがつきます。落ち着いた雰囲気のイメージ動画では使いません。

動画でチェック https://bit.ly/3GWqmhT

編集方法

1 効果をかける範囲を分割する

エディットページで、タイムライン上のクリップで揺らす効果をかける範囲を指定する。[Ctrl(command)]＋[B]で範囲の始めと終わりに2ケ所カットを入れて分割する。

2 カメラシェイクを適用する

クリップを選択し左上の「エフェクト」→「フィルター」→「カメラシェイク」を選択。エフェクトをかけたい箇所にドラッグ＆ドロップして適用する。

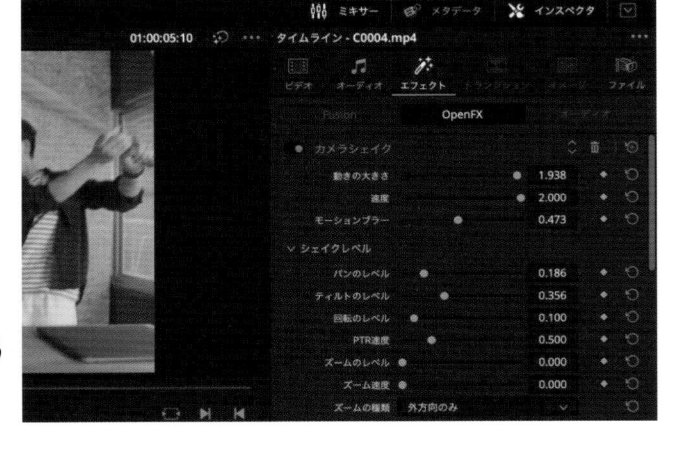

クリップが短かすぎると効果がわかりづらいよ

3 効果の度合いを調整する

シェイクの動きの激しさなどは、右上「インスペクタ」→エフェクト内の「カメラシェイク」から細かく調整できる。

TECHNIQUE 7

おしゃれな文字入れのアイデア

動画内の文字の読みやすさは大切ですが、読みやすさだけを気にしていると、おしゃれさにはやや欠ける平凡な動画になりがちです。ときには少し凝った演出をして、視聴者の目を引く動画に仕上げましょう。DaVinci Resolveには文字のテンプレートが豊富にあるので、場面のテイストに合わせて選べます。ここではおすすめのテロップやタイトルの見せ方を紹介します。

idea ❶

効果音と一緒に文字を表示する

文字と同時に効果音を入れると、より強いインパクトを与えられます。目を引きたい場面の直前や、メリハリをつけたいシーンで使える音の素材は、P.43で紹介しているサイトから探してみてください。素材はダウンロードしてメディアプールに入れておきます。タイムライン上で、テキストと効果音オーディオの開始位置をそろえればOK。

idea❷ フォントフラッシュで文字に動きをつける

タイトルなど1つの文字を長く映すとき、いろんな種類のフォントを使うとフラッシュのように素早く切り替えて動きをつけることができる方法です。

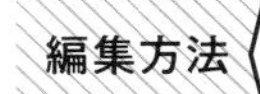

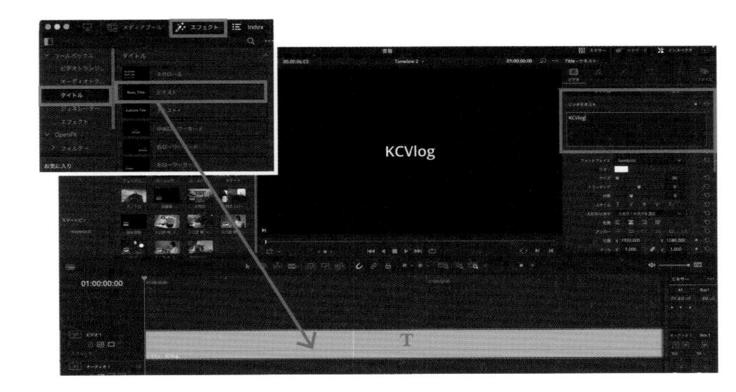

1 タイムラインにテキストを入れる

エディットページを開き、左上の「エフェクト」→「タイトル」→「テキスト」をドラッグ&ドロップし、タイムラインにのせる。右上「インスペクタ」→ビデオ内「リッチテキスト」のスペースで文字を打ち込む。

2 2フレームごとにカットする

タイムライン上でタイトルを均等な間隔でカットする。今回は早めのフラッシュをしたいので、2フレームずつカット。虫眼鏡マークのある中央のスライダーを右にスライドしてタイムラインを拡大し、上部の目盛りを見やすくしておく。右矢印[→]で1目盛り（1フレーム）分再生ヘッドが移動するので、2回押し、[Ctrl(command)]＋[B]でカットを繰り返す。

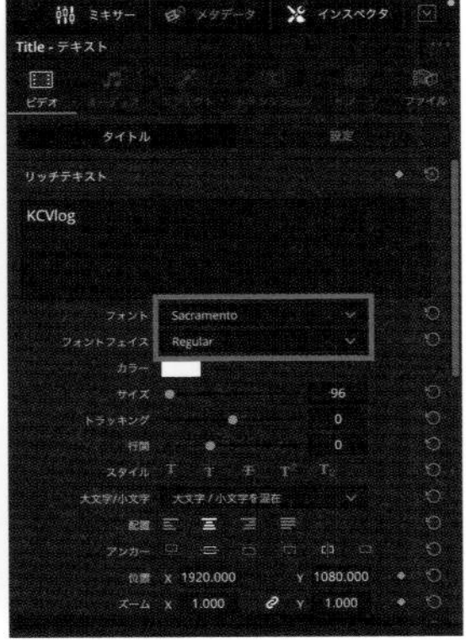

形や太さが違うフォントを選ぶと、変化がわかりやすく効果的

3 フォントを変更する

カットしたテキストをそれぞれ別のフォントに変更していく。完成したら、再生ボタンを押して見え方を確認しよう。

エディットページで左上「エフェクト」→「タイトル」→「Fusionタイトル」を選択

idea ❸

おしゃれな「Fusionタイトル」のテンプレートを使う

「Fusionタイトル」は特殊な動きやデザインされたテキストが揃っているテンプレート。簡単にスタイリッシュなテキストを入れることができます。よく使うテンプレートはテンプレート名の横の★をクリックしてお気に入り登録できるため、気に入ったものがあれば登録しておきましょう。

インパクトのある見出しはコレ！

画面の中央に大きく表示されるため、冒頭やシーンの始まりの見出し用におすすめです。また、動きのあるテロップが表示されるとクオリティが高く見えます。

おすすめは
この5つ！

Dark Box Text

画面中央に縦線が2本現れ、その線が左右に横スライドして文字が現れる。

Long Title

縦線が画面右部に現れ、右から左に横スライドしながら文字が現れる。

Random Write On

電気が点くような動きでランダムに文字の文字が現れる。

Rise Fade

文字が1文字ずつ下から上へフェードインしてくる。

Text Box

下からフェードインしてきた文字の周りを線が回ってボックスをつくり強調する。

説明文を入れるならコレ！

インタビュー動画の人物名や説明文などを映像の邪魔にならないように入れたいときは、左下に表示されるものがおすすめ。背景の色によって、黒い帯に白抜き文字や透過背景があるものを選び、テキストの視認性を高めましょう。

Simple Underline Lower Third

地面から出てくるようにテキストが現れる。デフォルトはアンダーラインがあるが、画像のように見えなくすることもできる。右上の「インスペクタ」→ビデオ内「タイトル」の「Line Controls」で「Line Thicness」の数値を「0」にする。

Simple Box 1 Line Lower Third

文字の下に帯がうっすら入っているので、背景がごちゃごちゃしているときなど視認性が上がる。

Simple Box 2 Lines Lower Third

２行になっているので、イベント名＋日付など、記載内容が多い場合に分けて書ける。

引き出し線でものを説明する

特定の被写体を説明したいときにおすすめ。控えめなデザインで、さまざまなジャンルの動画に使えます。

Call Out

対象から引き出し線が伸びるデザインは、商品やお店、人物などの紹介に。「同じようなものが並んでいる中のコレ」と示したい場面に効果的。テキストと引き出し線の位置は、右上の「インスペクタ」→ビデオ内「タイトル」→「コントロール」の「Text Position」「Line Position」で調整できる。

タイトルをプレビューする

エディットページやカットページでは、タイトルのデザインをプレビューすることができます。左上の「タイトル」をクリックし、Fusionタイトルの中のテンプレートにカーソルをもっていくき左右に動かすと、画面にプレビューされます。

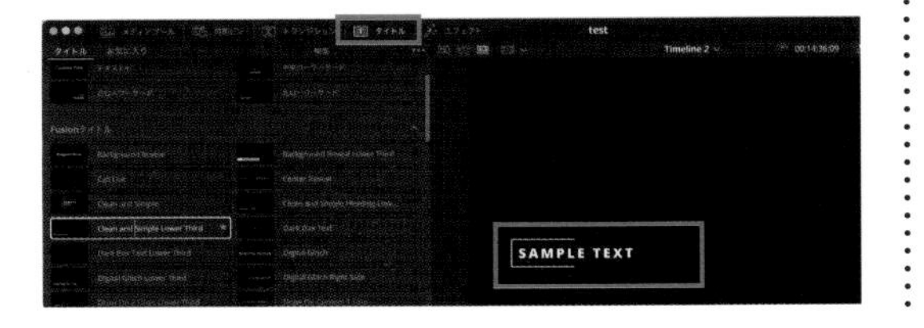

TECHNIQUE 8

映画のようなエンドロール

映画のエンディングには、出演者や制作関係者、撮影協力者、使用したBGMなど映画に関する情報の一覧が表示されます。いわゆるエンドロール（クレジットロール）ですが、これを動画に入れるだけで日常的な動画でも一気に映画のようなおしゃれ感を演出することができます。速すぎたり遅すぎたりしないよう、見やすい速度で流すのがポイントです。

エンドロールを最後まで見てもらうには……

文字だけが流れていると、視聴者は見飽きてしまいます。そこで、エンドロールと一緒にメイキング映像や後日談、次の動画予告などの付録動画を入れると効果的です。

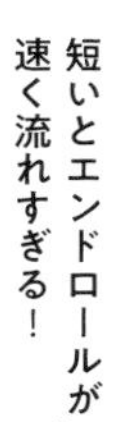

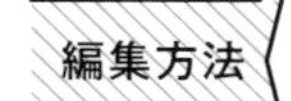

1

スクロールを タイムラインにのせる

エディットページを開き、左上の「エフェクト」→「タイトル」→「スクロール」を選択する。「スクロール」をタイムラインのクリップの上の段にドラッグ＆ドロップ。帯の右端をクリックしてエンドロールを流したい長さに調節する。

2

表示する内容を 入力する

右上の「インスペクタ」→ビデオ内「テキスト」にエンドロールで表記させたい内容を入力する。

3

文字の見え方を 調整する

フォントや大きさは「テキスト」下の「フォーマット」で調整。文字の位置は「設定」をクリックして切り替え、「変形」の「位置」で動かす。

応用編

黒背景のエンドロールをつくってみよう

映画でよく見る、黒い背景の上に小さめに映像が表示されたエンドロール。黒い背景を配置してつくっていきます。

黒い背景の上に、動画とテキストを配置します

1

黒背景を動画の下に配置する

P.157の続きから解説します。背景をそのままドラッグ＆ドロップしようとしても入らないので、タイムラインの「スクロール」を「ビデオ3」、動画素材を「ビデオ2」の段に上げておき、背景が入るようにしておく。背景は左上の「エフェクト」→「ジェネレーター」から選択。「単色」を選び、タイムラインの動画素材の下の段に配置する。

2

背景の色を変更する

デフォルトは黒なので今回はそのままで良いですが、色を変更する場合はタイムライン上の「単色」を選択し、背景の色を変更する。右上の「インスペクタ」→ビデオ内「ジェネレーター」で「カラー」右横の四角をクリックすると、色を選べる画面が表示される。色を選択してOKをクリック。

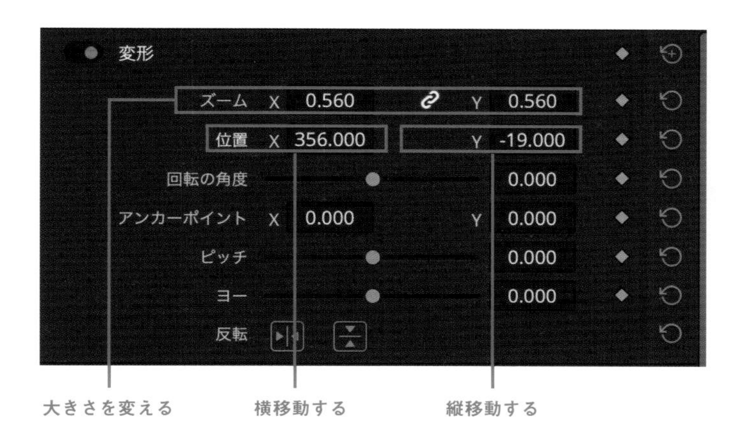

3

動画素材のサイズを小さくする

背景画像が見えるように、動画素材のサイズを小さくして余白をつくる。タイムラインの動画素材を選択した状態で、右上の「インスペクタ」→ビデオ内「変形」でそれぞれ数値の上でクリックしたまま左右に動かしサイズと位置を調整する。「ズーム」は大きさの変更、「位置」のXは横移動、Yは縦移動ができる。

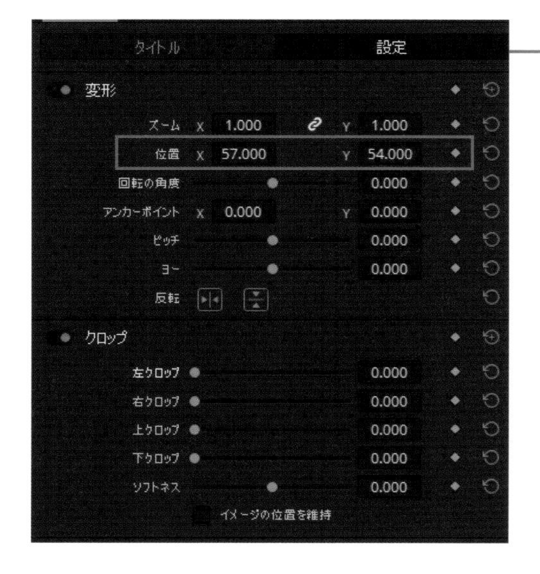

4

文字を配置する

黒背景の部分に文字を配置する。タイムラインのテキストを選択した状態で、右上の「インスペクタ」→ビデオ内「タイトル」でフォントとサイズ、「設定」で位置を調整する。黒の余白部分にタイトルが来るように移動する。

白い背景にもできる

2の「カラー」で白を選び、フォントの「カラー」を黒にすれば白背景のエンドロールに。

CHAPTER 4 クオリティUPのための編集テクニック

TECHNIQUE 9

シックな雰囲気のモノクロ／セピア

カラーで撮影した映像をモノクロ（白黒）やセピアに変えることは、編集時に簡単にできます。「ここはもう少しシックに見せたい」「場面の印象を強くしたい」というときに取り入れてみましょう。また、撮ったカラー映像の色が悪くて使いづらいときの救済処置としても便利です。

編集方法

モノクロにする

エディットページで調整したいクリップをタイムラインで選択する。カラーページを開き、「カラーホイール」で「彩度」の数値を「0.0」に設定する。

モノクロからカラーに変化させる

モノクロからカラーへと徐々に色を変化させることで、色づいていく様子を表現することができます。
反対にカラーからモノクロに変化させれば、徐々に色褪せていく様子を表現できます。

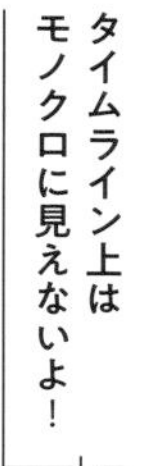

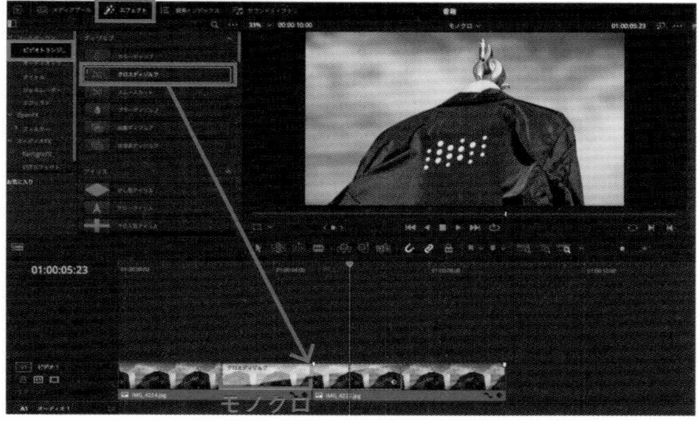

❶エディットページでカラーのクリップを２つにカットして、片方だけモノクロにする。
❷左上「エフェクト」→「ビデオトランジション」→「クロスディゾルブ」をモノクロとカラーの素材の間にドラッグ＆ドロップする。

セピアにする

カラー画面で「彩度」と「色温度」を調整することで、セピアのような色合いにすることができます。
モノクロよりも温かみのある、ノスタルジックな印象になります。

カラーページを開き、「カラーホイール」を選択。
❶彩度を「20.0」に設定する。
❷色温度を「2500.0」に設定する。

モノクロの一部だけカラーにして強調する

モノクロ画面の一部のみ、くり抜いてカラーにすることもできます。
❶カラーのクリップの下段にモノクロにしたクリップを重ねて2層に。
❷カラーのクリップを、タイムラインビューアーの左下のプルダウンボタンから「クロップ」を選び、位置や大きさを調整して切り抜きます。

TECHNIQUE 10

ノスタルジックに仕上がる8mmフィルム風

ノスタルジックな雰囲気に仕上げてくれる8mmフィルム風のエフェクト。あえてノイズのあるざらついた質感の映像は、古い映画のような空気感になるので、現代的ではない映像が非現実感を演出してくれます。

サイドをカットして1:1.36の比率に近づける

昔の8mmのフィルムの対比は縦横の比率が1:1.36でした。現在の映画や動画は16:9の比率が多いので、その比率で撮影すると今どきの雰囲気に仕上がります。そのままでも良いですが、より8mmフィルムの雰囲気に近づけるなら、画面の横幅を狭くします。それだけでより懐かしい雰囲気になります。

編集方法

1

「フィルムダメージ」をかける

エディットページで動画素材をタイムラインにのせる。左上の「エフェクト」→「フィルター」ResolverFXテクスチャー内の「フィルムダメージ」を選び、クリップにドラッグ＆ドロップで適用する。

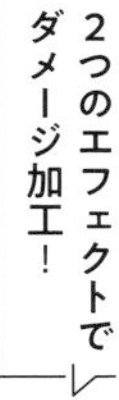

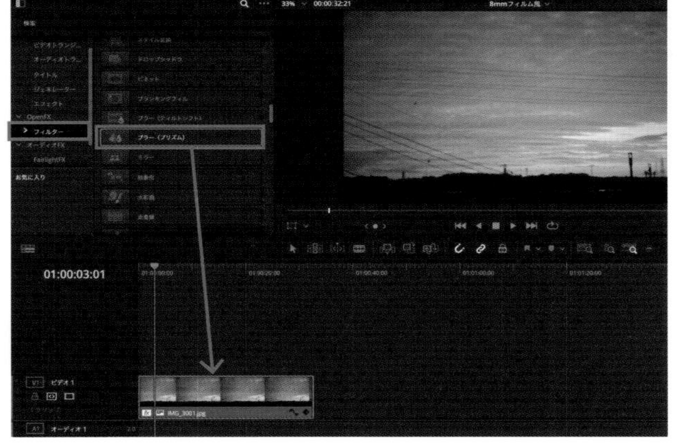

2

「ブラー（プリズム）」をかける

続いて「エフェクト」→「フィルター」→「ResolverFXスタライズ」内にある「ブラー（プリズム）」を選び、クリップにドラッグ＆ドロップで適用する。

元に戻すには「Reset」を選択すればOK

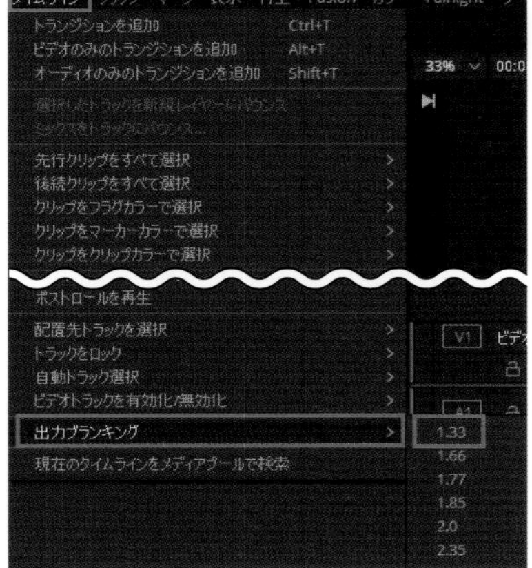

3

両端をカットして8mmフィルム風にする

タイムラインのすべての両端をカットする場合は、左上メニューの「タイムライン」→「出力ブランキング」から「1.33」を選択する。両端がカットされていれば完成。クリップごとにカットしたい場合は、クリップを選択し、右上の「インスペクタ」→ビデオ内「クロップ」で左右クロップの数値を変える方法でできる。数値は撮影時のアスペクト比によって変わるので、確認しながら調整を。

TECHNIQUE 11

エモさ高まる！レトロなVHS風

P.162〜163で紹介した8mmフィルム風のほかにレトロな加工としてVHS風編集がおすすめです。撮影時間やバッテリー残量、録画中の表示などカメラの液晶画面に表示される内容を配置することで、家庭用ビデオカメラで撮影しているような演出ができます。普通の映像にのせてもいいですが、8mmフィルム風の編集と併用することで、より温かみのある雰囲気を狙えます。

KCVlogオリジナルのVHS風素材をダウンロードしよう！

P.106の「旅のキロク」の動画に登場するKCVlogで使用したVHS風テンプレートを使うことができます。右上の二次元バーコードからダウンロード可能です。長さがあらかじめ決まっているので、長い動画に使いたいときは、テンプレートをコピーして使いましょう。

動画でチェック https://bit.ly/41lIZng

1

VHS風素材を メディアプールに入れる

上記のサイトからVHS風素材をダウンロードし、エディットページのメディアプールに入れておく。

2

VHS風素材を 動画素材の上に配置

動画素材をタイムラインに入れ、ダウンロードしたVHS風素材をタイムライン上の動画素材の上段に入れる。

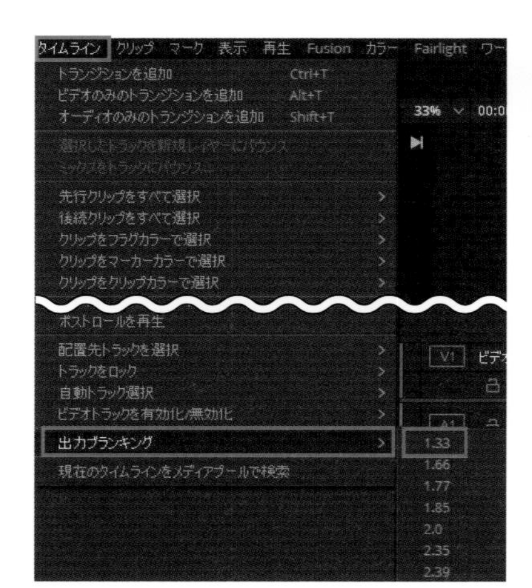

3

両端をカットして ホームビデオ風にする

P.163の3と同じ要領で、左右の幅を縮める。メニューの「タイムライン」→「出力ブランキング」から、「1：33」を選択。もしくは右上「インスペクタ」→ビデオ内「クロップ」で左右のクロップ値を調整する。

TECHNIQUE 12

ポップでおしゃれな世界観のアニメーションエフェクト

手から火が出たり、画面の切り替わりで渦巻が出たり、動画をポップで可愛くできるアニメーションエフェクト。自分でつくるのは難しいですが、フリーの素材ダウンロードサイトなどを利用すれば簡単！ここではおすすめのアニメーションサイトとアニメーションの合成方法を紹介します。

“おすすめのアニメーション素材サイト”

TELOPICT.com
イラストアニメーションの素材サイト。色違いも含めると3,200点以上の素材が配布されています。

TELOPICTION
エフェクトアニメーションに特化したサイトです。ちょっとした効果や場面転換などでも使える素材が揃っています。

えふすと f-stock
400種類以上の動画素材が揃っているサイトです。かっこいい演出にもおすすめのアニメーションが多く用意されています。

※各サイトの利用規約を確認の上使用しましょう。

編集方法 アニメーションを合成する

アニメーション素材が用意できたら、DaVinci Resolveに追加して映像と合成します。今回はパスタに「でき上がり〜」という雰囲気のキラキラのアニメーションをプラスします。

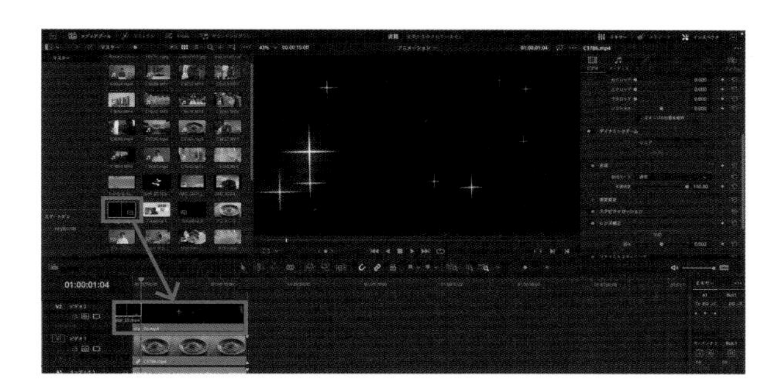

1

アニメーションをタイムラインに追加

エディットページでアニメーション素材をメディアプールに追加しておく。タイムラインの動画クリップの上段にドラッグ＆ドロップする。

透過素材にする

アニメーション素材が黒背景だった場合、透過素材にする必要がある。右上「インスペクタ」→ビデオ内「合成」の「合成モード」を「スクリーン」にする。

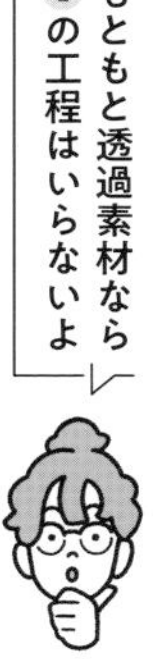

3

アニメーション素材の位置と大きさを調整

右上のビデオ内「変形」で「ズーム」などを調整し、アニメーション素材の位置と大きさを調整する。

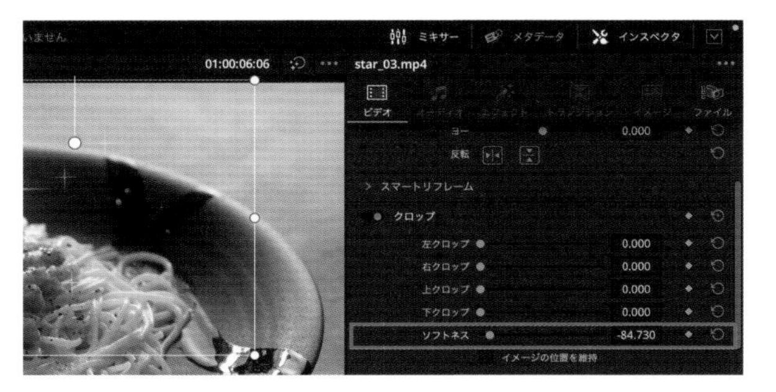

背景と馴染ませる

画角に合わせて縮小すると、キラキラが途中で切れて境目が見えてしまい、いかにも合成感が出てしまう。境目がふわっと馴染むよう、右上のビデオ内「クロップ」で「ソフトネス」を調整する。−の数値が大きいほどやわらかな見え方になる。

TECHNIQUE 13

プロっぽく聞こえるこだわりの音編集

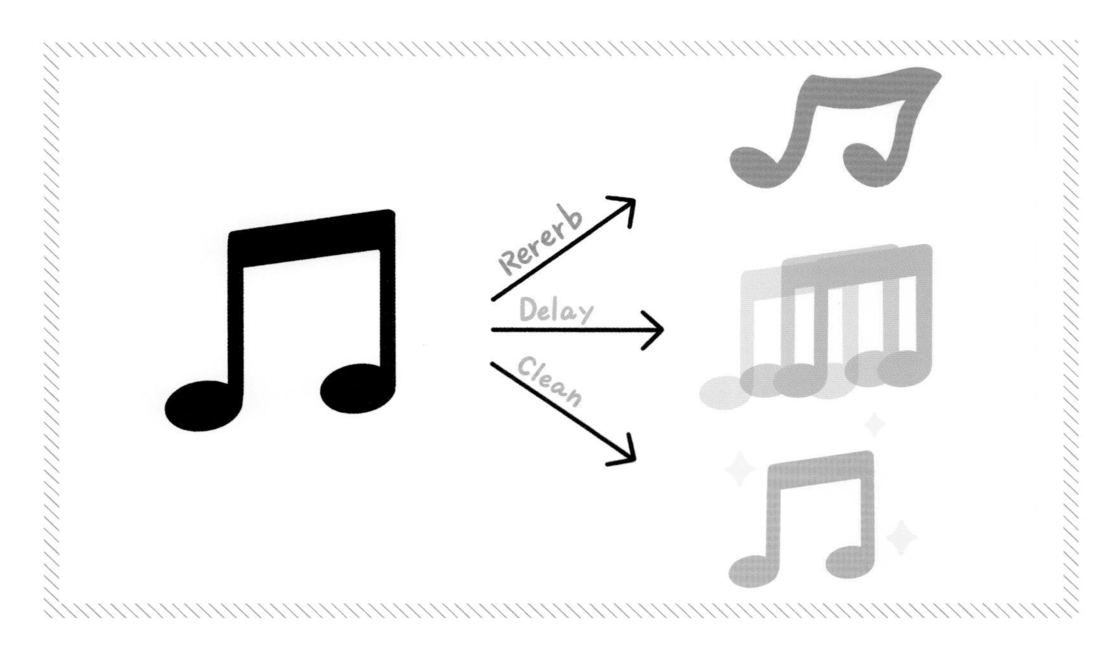

音楽を流しながら人が話したり、雑音が入ってしまった音を聞きやすくするなど、「話し声」に関する編集のコツを2つご紹介します。話し手の声が聞き取りやすいと、クオリティがアップします。さらにエフェクトを使ってインパクトを与える方法を見ていきましょう。

編集方法 

idea ❶

話し声を活かしながらBGMを流す

話しているバックグラウンドでBGMを流すときは、だいたい-20〜30まで下げましょう。「BGMが大きい！」と思う場合、-5〜-10程度までしか下げていないケースが多いです。エディットページを開き、タイムラインのBGMを選択した状態で右上の「インスペクタ」→オーディオ内「ボリューム」を-30まで下げます。

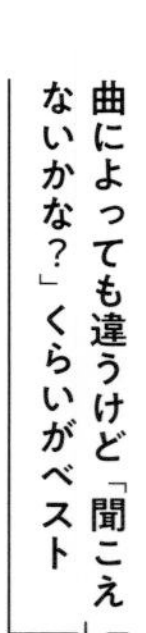

動画でチェック https://bit.ly/3Nw19yS

idea ②

ノイズリダクション

撮影時に入ってしまった雑音や環境音を取り除き、聞き取りやすくする。エディットページで左上「エフェクト」→「FairlighFX」→「Noise Reduction」を選択し、ドラッグ&ドロップでタイムライン上の音声の上に適用します。こだわりたい場合は開いた設定の小窓で調整できますが、そのままでも十分適用される。

応用編

声でもっとインパクトを

話し声にエコーやリバーブをかけて音声に変化を与えることで、強調や奥行きを表現する方法です。

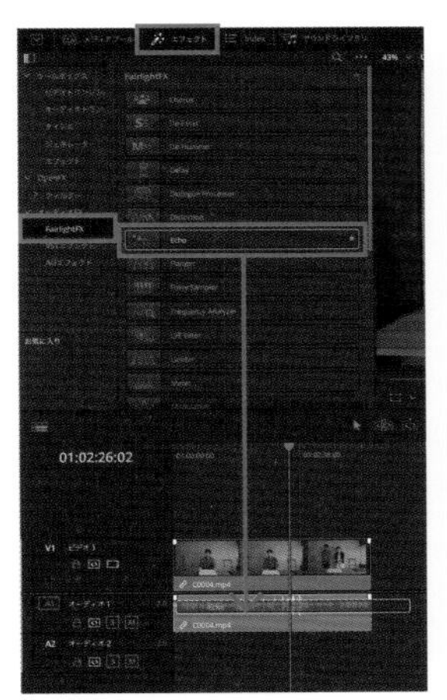

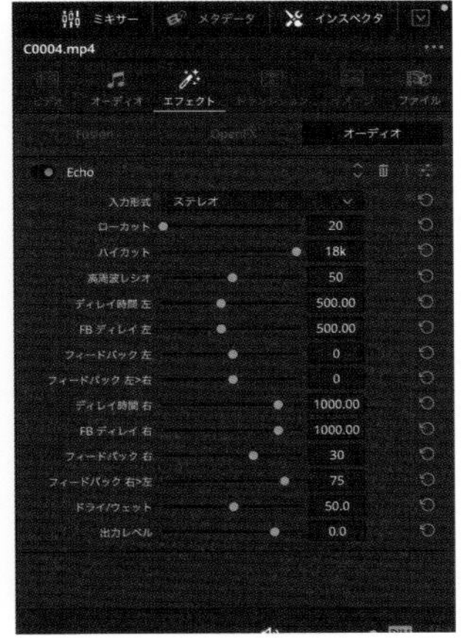

idea ③

エコー

言葉を繰り返すことで、連続性を感じさせる表現。発した音が反射して少しズレて戻ってくる感じです。エディットページで左上の「エフェクト」→「FairlighFX」→「echo」を選択し、ドラッグ&ドロップでタイムライン上の音声の上に適用します。そのままでも適用されますが、調整したい場合には右上「インスペクタ」→エフェクト内の「Echo」で調整を。

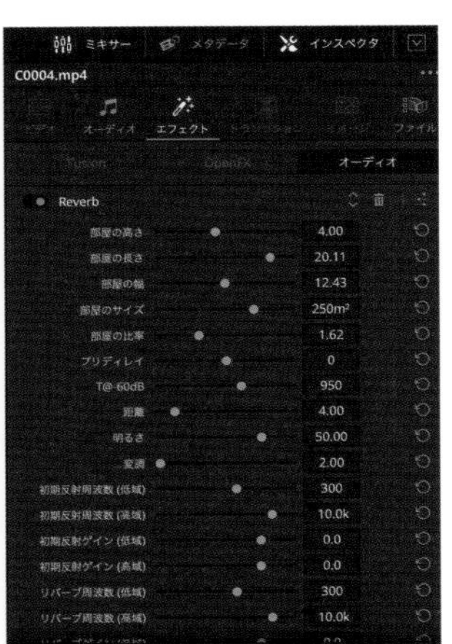

idea ④

リバーブ

リバーブとは残響を加えること。広い部屋で声が響くような音の広がりを付加することができます。エディットページで左上の「エフェクト」→「FairlighFX」→「Reverb」を選択し、ドラッグ&ドロップでタイムライン上の音声の上に適用します。そのままでも適用されますが、調整したい場合は右上「インスペクタ」→エフェクト内の「Reverb」で調整を。

いずれも適用時に詳細を設定する小窓が開きますが、とくに調整しなくてOK

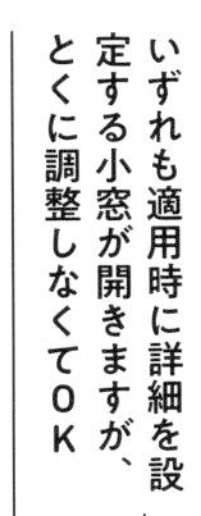

TECHNIQUE 14

切り抜きできるグリーンバック合成

グリーンバック合成とは、緑色のスクリーンを背景にして撮影した人物の映像を切り抜き、別の映像と合成する撮影＆編集方法です。天気予報やニュース番組、SF映画などプロの現場でよく使われていますが、少しのノウハウと機材があれば自宅でも簡単にできます。家にいながら海外旅行をしているように見せたり、ビジネスで資料を背景にプレゼンするなど広く活用できます。

撮影方法

用意するもの

- **グリーンスクリーン**（シワがつきにくいポリエステルがおすすめ）。人物が全身入るサイズのスクリーンを用意しておくといい。
- **背景スタンド**
  スクリーンを張るための背景スタンド。

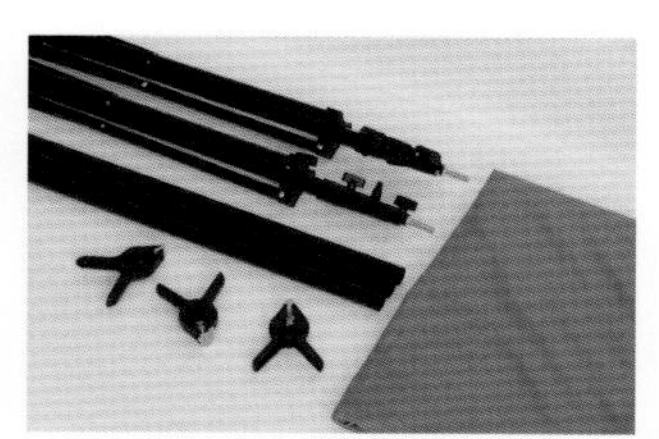

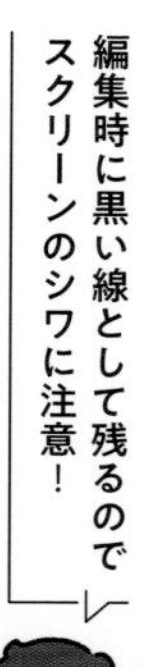

撮影のコツ

1

適正な露出で撮影する

グリーンバック撮影をする際は、適正な露出設定で撮影しましょう。明るすぎたり暗すぎたりすると、編集時に緑色がうまく識別できず、きれいに透過できないことがあります。

2

スクリーンからはみ出ない

被写体が背景からはみ出てしまうと、はみ出た部分は被写体と緑の区別ができないため透過できません。手を伸ばすなど姿勢を変える場合は、あらかじめ動く範囲を把握しておきましょう。

3

緑色を身につけない

洋服の柄に緑色があったりすると、そこだけ穴が空いたように切り抜かれてしまいます。緑色の服やものを撮影したい場合は、ブルーバック（青色のスクリーン）を使います。

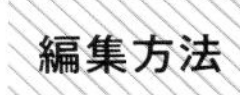

1

動画素材をタイムラインに並べる

エディットページでメディアプールに追加していた動画素材をドラッグ＆ドロップでタイムラインに入れる。

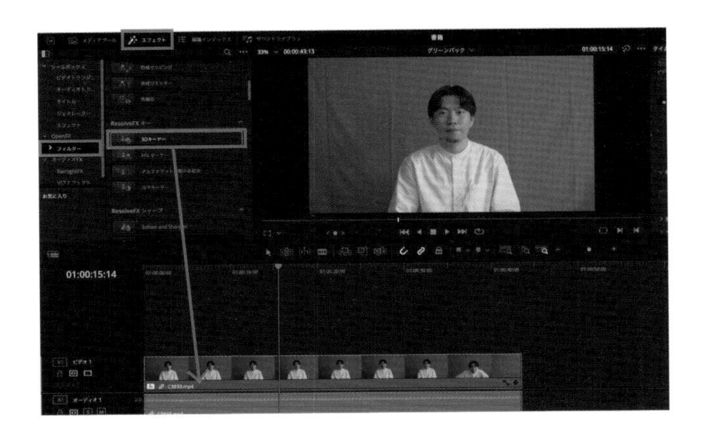

2

「3Dキーヤー」を追加

左上の「エフェクト」→「フィルター」→「3Dキーヤー」を選び、タイムラインのクリップ上にドラッグ＆ドロップして適用する。

「OpenFXオーバーレイ」を選択

プレビュー画面下にあるプルダウンボタンから「OpenFXオーバーレイ」を選択する。

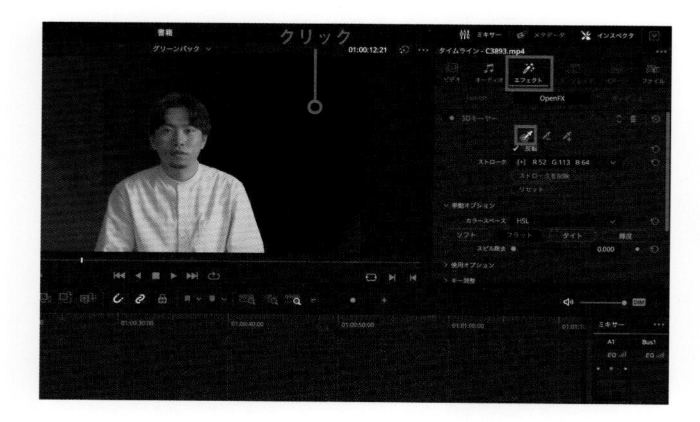

スポイトで画面内の緑色部分を選択

右上の「インスペクタ」→エフェクト内「3Dキーヤー」の一番左にあるスポイトボタンを押してから、プレビュー画面内の緑部分をクリックすると、緑が透過されて背景の黒が浮き上がってくる。

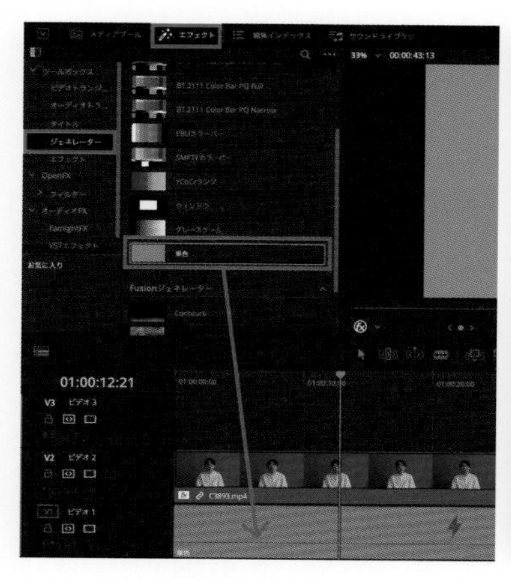

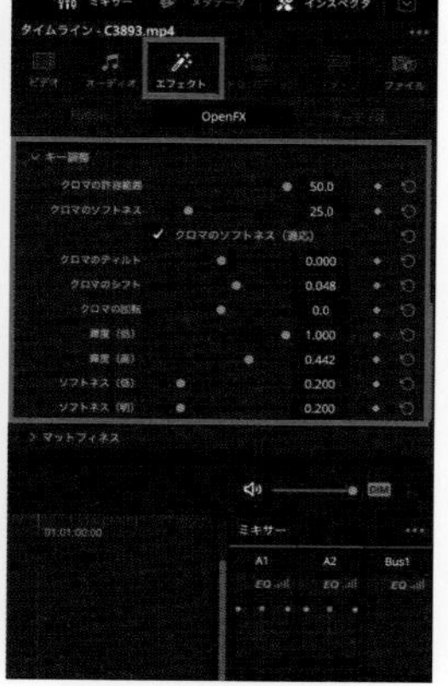

5

透過の数値を調整する

右上「3Dキーヤー」 内の「キー調整」の「クロマの許容範囲」や「クロマのソフトネス」の値を動かして、シワや影になってしまった部分がきれいに透過できるよう調整する。調整の際、そのままだと背景が黒でわかりにくい場合は、確認しやすい色に変えるのがおすすめ。動画素材を「V2」の段に移動させ、左上の「エフェクト」→「ジェネレーター」→「単色」をタイムラインの動画素材の下段(V1)にドラッグ＆ドロップする。右上の「インスペクタ」→ビデオ内「ジェネレーター」の「カラー」から色を選択。

6

合成する背景を入れる

背景に使う画像や動画をメディアプールに追加。タイムラインにドラッグ＆ドロップする。切り抜き動画素材を前面にしたいので、背景素材を下の段に入れる。5で「ビデオ」の段に入れていた「単色」背景のところにドラッグ＆ドロップすれば差し替えられる。これで切り抜き映像と背景が合成される。

応用編

背景と切り抜きを馴染ませる

背景がパキッとしすぎていると、いかにも合成した感じになってしまいます。
「ブラー」効果を使って背景を少しぼかし、映像を馴染ませましょう。

ブラー効果なし

ブラー効果あり

ブラー（ガウス）で背景をぼかす

タイムラインの背景を選択した状態で、左上の「エフェクト」→「フィルター」→「ブラー（ガウス）」を選択。右上の「インスペクタ」→エフェクト内「OpenFX」→ブラー（ガウス）をごく弱くかける。

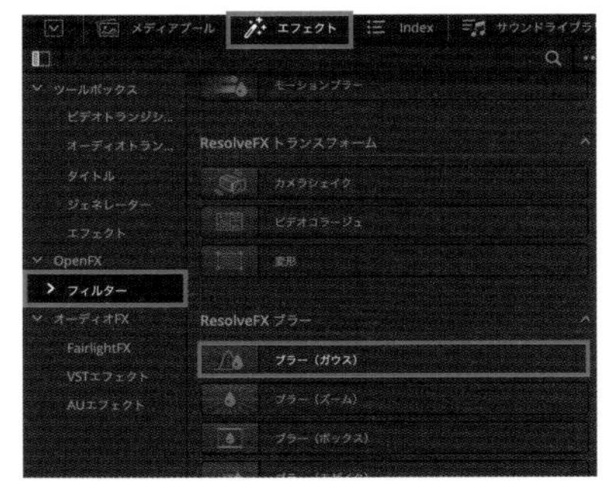

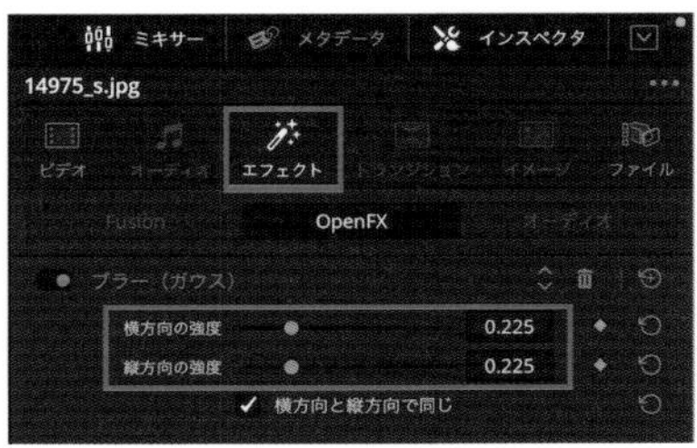

CHAPTER 4
クオリティUPのための編集テクニック

TECHNIQUE 15

作業が速くなる！ショートカットキー一覧

編集作業は想像以上に時間がかかります。なるべくスムーズに作業を進めていくために、ショートカットキーを覚えておくといいでしょう。とくに編集作業内でよく使うショートカットキーをピックアップしました。繰り返し使って時短を目指しましょう！　※（　）内はMacのキー

キー	操作内容
P	全画面でプレビュー
J	巻き戻し。押した回数に応じて倍速
K	一時停止
L	再生。押した回数に応じて倍速
↑ / ↓	再生ヘッドをクリップ単位で移動。↑を押すと左側にある一番近いクリップの端に、↓を押すと右の一番近いクリップの端に移動
→ / ←	再生ヘッドを1フレームずつ移動させる
Shift + Z	タイムラインをウィンドウに合わせて最適化
Ctrl（command）+ Shift + =	タイムラインを拡大
Ctrl（command）+ =	タイムラインを縮小
Ctrl（command）+ C	選択したクリップをコピー（クリップボードに保持）
Ctrl（command）+ V	Ctrl（command）+ Cでコピーしたクリップをペースト
Ctrl（command）+ X	選択したクリップを切り取り

キー	操作内容
Ctrl（command）+ B	選択した素材を再生ヘッドがある位置で分割
Ctrl（command）+ Z	行った操作を押した回数分取り消す
Ctrl（command）+ Shift + Z	Ctrl（command）+ Zで取り消した操作を元に戻す
Alt（option）+ V	Ctrl（command）+ Cのあとに使用。コピーした動画素材がもつ大きさ、位置、色編集、音量などのエフェクト情報を、選択した他のクリップにペーストできる
Shift +Backspace（Delete）	削除したクリップがあった場所にスペースをつくることなく削除
Ctrl（command）+ A	タイムライン上のすべてを選択

プロジェクトの画像が表示されなくなったときは

読み込んだ素材の入っていたファイルの場所を移動すると、画像が赤っぽく表示されます。これはクリップと素材のリンクが切れてしまったため。メディアプールの「再リンク」アイコンをクリックして、再リンクをしましょう。ファイルを移動していないのに赤くなっているときは、クリックしたりしばらく経つと復活することもあります。

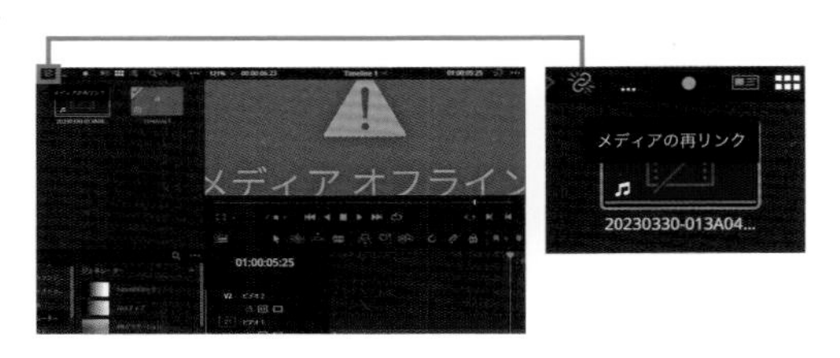

column 3

プロとしての動画制作とは
動画クリエイターの1日

動画クリエイターになるまで

僕は現在「.new（ドットニュー）」というプロダクションを立ち上げ、動画制作のお仕事を受けている動画クリエイターです。僕の前職が広告業だったこともあり、企業のCM制作やプロモーション映像の制作が主軸となっています。

動画制作を仕事にするまでの経緯は、高校の文化祭で映画をつくったときに動画制作に触れて、大学生の頃にYouTubeに投稿する動画をつくって投稿し始めたことが動画制作を本格的に始めるきっかけでした。最初はYouTubeにネタ投稿を続けていましたが、地元のCMコンテストで入賞した際に「美しい画で、見ている人が喜ぶ動画をつくりたい」と思い、そこからVlogの投稿をスタート。そしてそのVlogづくりで学んだ知識を使って動画のハウツーをYouTubeで発信するようになり、その後に動画制作を仕事にするようになりました。

動画制作については、勉強してから始めるのではなく「とりあえず手を動かして、わからないことは調べよう」というやり方で知識を身につけていきました。最初は機材の設定ミスやうまく仕上がらないこともありましたが、やっぱり撮ってみないとわからないことも多いです。難しく考える前に「撮って、編集して、動画をつくってみる」を繰り返して慣れていくことが、上達するためには大切だなと思っています。

とある日の作業タイムスケジュール

最近は30〜60秒程度の商品・サービスのイメージ映像の制作をよくご依頼いただきます。短い尺の映像の場合は、企画構成・撮影編集・納品まで大体2週間〜1ヶ月の期間でつくります。企画構成は、まずテキストベースで動画の構成やアイデアをいくつかまとめ、お客様にご提案。構成が確定したら、できるだけイメージを共有するために絵コンテを作成し、実際に素材を撮影する流れです。そして撮影後は2日程度で編集が完了するくらいのスケジュール感で動いています。1日の作業は下のタイムスケジュールのようなイメージで行なっています。

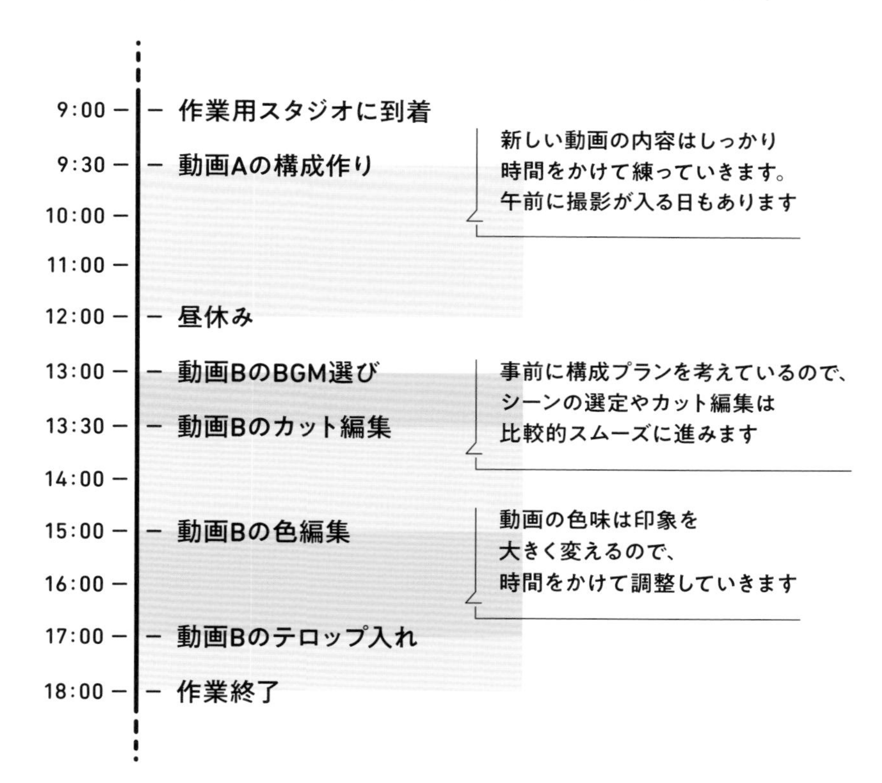

マイデスク

編集作業は、出先でも自宅でも作業できるようにMacBook Proを使用。自宅では、ディスプレイにつないで色味や画角の確認がしやすいようにしています。デスクにはマウスなどのほかにも、ツールデバイス（ショートカットキーを割り当てて使うもの）も置いて効率アップ！

CHAPTER 5

スマホでできる動画づくりのコツ

いつも持ち歩き、簡単操作で撮影チャンスをとらえやすいのが、スマートフォンのカメラ。ちょっとしたコツと工夫で、一眼カメラでは撮れないユニークな映像が撮れます。最後にスマホならでは撮影のコツとおすすめ編集アプリをご紹介します。

スマホ動画の基本設定

Point

撮影をスムーズにする3つの設定

手軽に撮影できるスマホ撮影ですが、一眼カメラでの撮影や、静止画撮影とはちょっと違った設定が必要です。スマホ動画をスムーズに撮影するための基本の設定を見ていきましょう。

How to

1 機内モードに設定する

電波の送受信をしない設定にしておこう!

動画の撮影中に通知や着信があり、撮影がストップ.....といった失敗を防ぐために、撮影前に「機内モード」に設定を。「通話」「データ通信」「Wi-Fi」「Bluetooth」などが利用不可になります。

2 グリッドを表示させる

縦と横の線を意識して撮影しよう

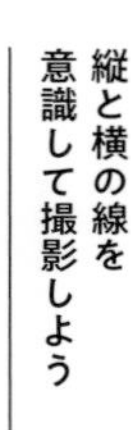

水平・垂直の目安となるグリッドを表示しましょう。縦と横のラインを見ながら、傾いていないかチェックします。設定するには、iPhoneでは「設定」→「カメラ」→「グリッド」を「オン」にします。Androidは機種によりますが、カメラアプリの設定画面内でグリッドをオンにします。

3 解像度・フレームレートを設定する

一眼カメラと同様、スマホも目的に応じて「解像度」と「フレームレート」を変更します。目安となる数値はP.21を参照してください。iPhoneでは「設定」→「カメラ」→「ビデオ撮影」から、Androidはカメラアプリ内で設定できます。

解像度・フレームレート	説明	用途
720pHD/30fps	・低画質 ・データ容量は最小	記録用
1080pHD/30fps	・デフォルト ・中程度の画質 ・データ容量も大きすぎない	記録用 Instagram、Twitter、TikTokなど各種SNSへの投稿
1080pHD/60fps	・中程度の画質 ・スロー編集をする場合は必須	Instagram、Twitter、TikTokなど各種SNSへの投稿用
4K/24fps	・高画質 ・映画のような映像	YouTube投稿用
4K/30fps	・高画質 ・データ容量は大きめ	YouTube投稿用
4K/60fps	・高画質 ・スロー編集をする場合は必須 ・データ容量は最大	YouTube投稿用

スマホならではの撮影術

Point

凝った画づくりが誰でも手軽にできる！

スマホ撮影の特長は、何といってもその手軽さにあります。取り回しがしやすいコンパクトなサイズ感、広範囲を映せる広角レンズ、簡単にできるタイムラプス撮影など。ここでは、スマホならではの特性を活かした撮影術についてご紹介していきます。簡単にできるのでぜひチャレンジを！

1 写真をつなぎ合わせる タイムラプス撮影

タイムラプス撮影は、間隔をあけて写真を連続撮影することで、早送りのように時間の経過を表現する方法です。タイムラプス機能がもともと入っているスマホも多く、カメラの画面から「タイムラプス」モードを選択するだけで撮影できるので、設定が必要な一眼カメラに比べて簡単に撮影できます。

ミラーレス一眼+標準レンズ

2 近づいて大きく撮影できるマクロ撮影

スマホのカメラは、被写体に近づいて撮影するマクロ撮影（接写）に長けています。左上はミラーレス一眼（標準域のレンズ）で、ピントが合う一番近い距離で撮影。左下はスマホで撮影した写真です。スマホのほうが寄れることは一目瞭然ですね。一眼カメラでこれだけ近づくには、マクロレンズに付け替える必要があります。

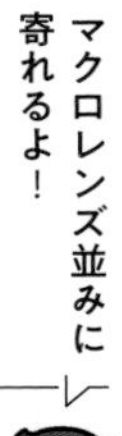

スマホカメラ

スマホカメラは最短2cmまで接写できる（iPhone13Proの場合）。細かいディテールを映すのにも便利

3 SNSの投稿が簡単縦位置構図の撮影

TikTokやInstagramのストーリーズ、YouTube ShortsなどのSNS投稿は、現在基本的に縦位置の動画です。スマホは縦位置の動画が撮影しやすいため、これらのプラットフォームに最適です。また、人物など縦長の被写体を撮影する際は、縦位置で撮影すると余白が少なくなり存在が際立ちます。

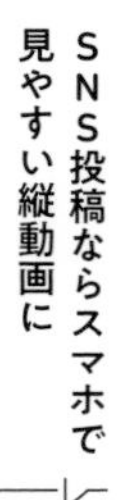

4 コンパクトだからできる！インパクトのあるアングルの撮影

スマホは小さくて軽いため、さまざまなアングルの撮影が手軽にできます。たとえば、冷蔵庫やポケット、引き出しの中に入れて撮ったり、被写体と一緒に落として落下中の様子を撮ったり（ただしベッドなど柔らかなクッションの上に落とすこと）、自撮り棒の先に取り付けて扱うのも簡単です。アイデア次第で一眼カメラよりも表現の幅が広がります。

料理動画 冷蔵庫にスマホをIN！

料理動画を撮影する際に、食材に見立ててスマホを冷蔵庫の中に置く。扉を開けてスマホを取り出す様子を撮影すれば、食材目線で冷蔵庫から取り出されるようなシーンに（庫内に長時間置かないようにしましょう）。

お散歩動画 スマホを足で踏んじゃう？

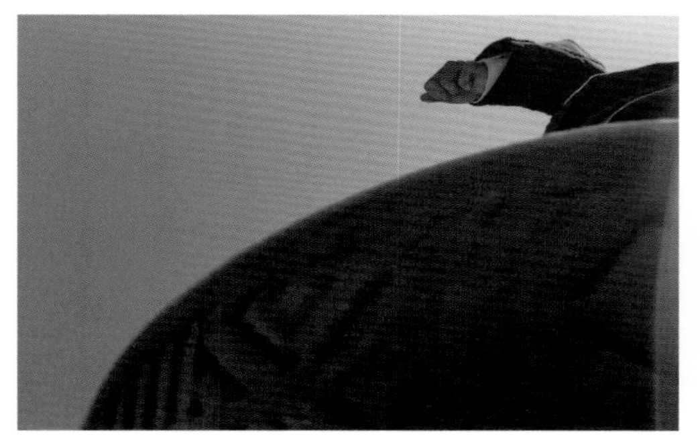

お散歩動画で歩いているシーンを撮影するアイデアの1つ。スマホを地面に置き、レンズ部分を足で踏むように靴の裏で画面を覆う。シーンの転換にもおすすめ。画面を割らないように注意！

シーンの転換 ポケットにスマホを入れる

スマホのインカメラで撮影しながらそのままポケットにしまうことで、スマホ目線の新鮮な視点に。また画面が暗転するので、シーンの転換にも使える。

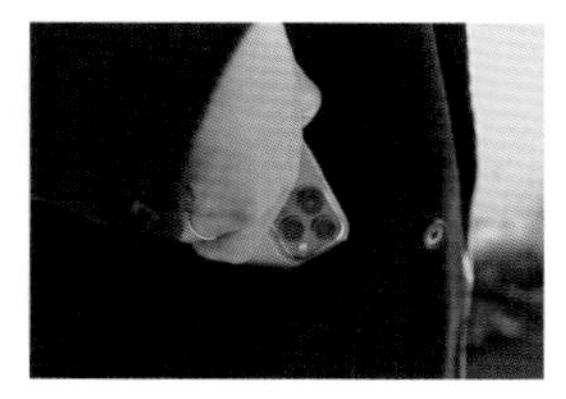

5 スムーズに並行移動する擬似スライダー撮影

カメラをスムーズに並行移動する撮影補助器具を「カメラスライダー」と言います。一眼カメラや映像用のカメラのスライダーは扱いづらく価格も高価。コンパクトなスマホなら、布や紙をカメラスライダー代わりにしてかっこいい並行移動撮影が簡単に再現できます。

用意するもの

- 滑りやすくスマホのサイズよりも大きい布や紙など
- 平らで滑りやすい机や床などの環境

やり方

❶布や紙を滑りやすい場所に敷き、その上にスマホを置く。
❷片手で布を引っ張りながらスマホと一緒に移動させる。この時、スマホが倒れずに布と一緒に移動するようにもう片方の手でスマホを押さえる。

↓

バックや横スライドの動きに使ってみよう

雨や埃の多い場所でも気軽に撮影！

耐水・防塵性能があるスマホなら、多少の悪条件の環境でも撮影することができます。たとえば、雨の日の撮影や風が吹いて砂が舞う場所での撮影など、一眼カメラだと少し不安な撮影シーンでも、スマホで気兼ねなく撮影できます。

スマホカメラを水面に配置する水面撮影。

スマホを水の中に完全に入れる水中撮影。

6 幻想的な画が撮れる水面・水中撮影

スマホカメラなら防水の袋に入れれば水中を利用した撮影も気軽にできます。水面を見せたり、完全に水中に入れて水の世界を見せたりと、躍動感のある画づくりにピッタリ。

耐水機能が付いているスマホでも、水中に入れる際はジップつきの袋や透明なプラスチック容器などに入れてガードしましょう。

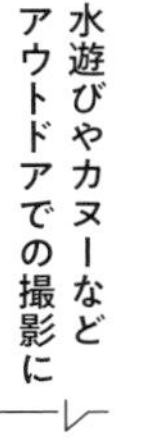

スマホ撮影の注意点

❶ スマホのズーム撮影は画質が落ちる

ミラーレス一眼はレンズの焦点距離を変化させて画素数を下げずにズームする「光学ズーム」ですが、スマホは録画映像を拡大処理する「デジタルズーム」。ズームするほど画質が劣化するので、できるだけ等倍で撮影を。

❷ 音も使うなら外部マイクで録る

スマホの内蔵マイクで録音すると音声が小さかったり不鮮明な場合があります。音をクリアに録るなら、できればスマホ用の外部マイクを使うことをおすすめします。

PART 3 編集アプリ

スマホアプリでお手軽編集！

Point

かっこいい動画もアプリで簡単！

撮影が終わったら、スマホのアプリを駆使しておしゃれで個性的な作品に仕上げましょう。最近は無料アプリでも、イラスト加工や字幕のせなど、凝った編集が簡単にできるようになっています。スマホならちょっとした隙間時間に編集作業ができるので、手軽に始められます。ここでは「これは使える！」というおすすめ編集・加工アプリをご紹介します。

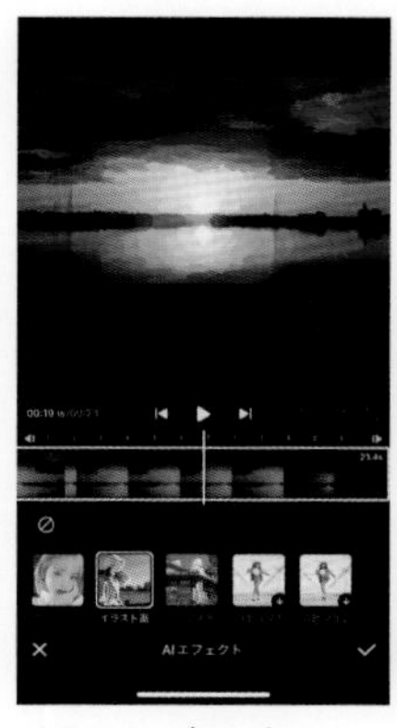

イラストに加工するAIエフェクトがユニーク。

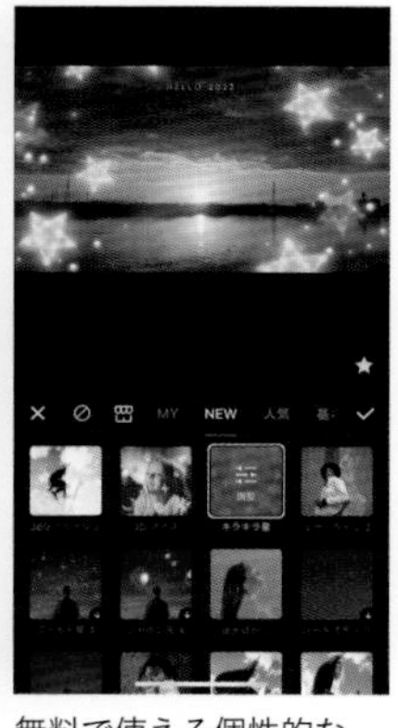

無料で使える個性的なエフェクトが揃う。

VITA

凝ったエフェクトが簡単操作で使える！

VITAはシンプルなつくりで初心者でも感覚的に操作できるアプリ。エフェクトの数が豊富で、映像を自動でイラスト化してくれる「AIエフェクト」など、凝った機能が使えます。書き出しの形式は4Kまで選択でき、動画の最後にアプリロゴが出てくることもありません。完全無料で使えるアプリです。

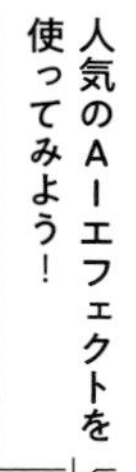

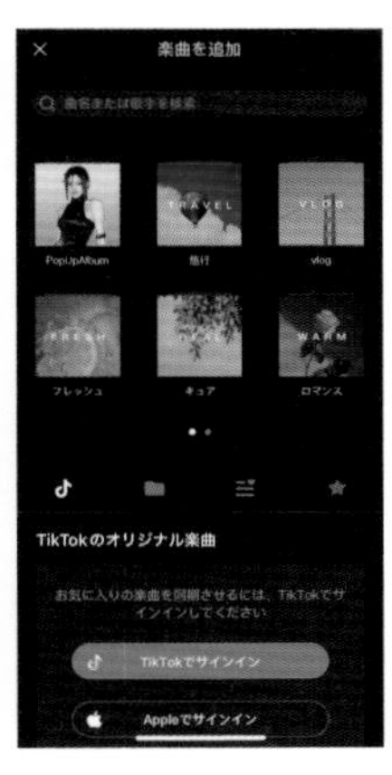

CapCut

SNSに動画投稿していくならコレ！

完全無料の編集アプリ。音声認識で自動的に字幕を生成してくれる機能が搭載されているため、たくさんテキストを使うエンタメ動画の編集は特におすすめ。TikTok上にアップされている人気の音源を取り込んで編集ができるところも魅力です。

音声認識でテキスト入力が省けるので、即座に字幕をつけられる。

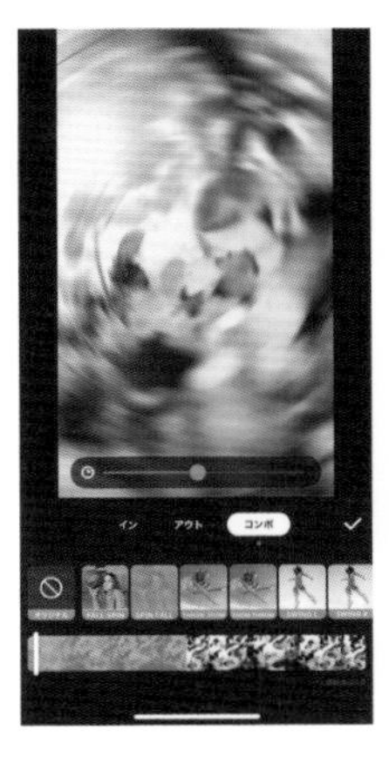

InShot

ダンス動画やシネマティック動画に

ダイナミックでポップな動きのエフェクトや、人をラインで囲える自動認識機能などが充実しています。ダンス動画やシネマティック動画の編集に向いています。

カメラを回転させたようなエフェクトや、人をラインで囲むエフェクトも。

G9

A6:コントラストを高めてフィルムのような質感に／A8:A6を全体的に寒色に寄せた感じに／G9:霞んだセピア系の色味に／K1:温かみのある色味に少しだけ緑色が混ざった感じ／KA1:コントラストを高め人肌にのせると自然で健康的に

VSCO

フィルムライクなフィルターでおしゃれに

VSCOは写真と動画にフィルムカメラで撮ったような洗練された色加工ができるアプリ。センスの良い色調の動画に仕上げたい場合におすすめです。さまざまなプリセット（フィルター）が用意されており、多くの種類を使うためには有料になりますが、加工を施すだけでガラッと雰囲気を変えることができます。

column | 4

「なんとなく」じゃない撮影のアイデア

人物を素敵に撮るコツ

その人のストーリーをざっくり考えて撮影に挑む

人物の撮り方はいろいろあると思いますが、僕の場合、仕事はもちろん、趣味でただ人を撮る場合でも、ある程度テーマや構成を決めて撮影することが多いです。たとえば観光に訪れた女の子のストーリーにしよう、その場所に訪れたらその人ならどう振る舞うかなどを想像します。場所や空気感を含めて、その人を撮るように意識しています。

|| POINT ||

1. アングルは多めに
寄り引き上下、さまざまなアングルを撮るためにズームレンズを選択

2. 人物だけでなく風景も撮影する
人ばかり撮影せず、風景の寄り引きも撮影する

3. 逆光のシーンを入れる
逆光で光を拡散させると、情緒的な雰囲気に

人物の撮影アイデア

1

引きで風景と絡めて撮る

海や高原など壮大な風景は、引きで風景と絡めて撮影を。このシーンはドローンで撮影しましたが、高い場所から広角気味で俯瞰で撮影すると良いです。

2

カメラ目線ではなく自然に

ストーリーがある上での人物撮影なので、あまりカメラ目線ではなく、美しい風景を見ている自然な視線を追います。

3

見ている視線の先を入れる

人物の視線の先にあるもの、見ている風景を入れると人物への没入感が増します。桜の季節など美しい風景のシーンに使いたいですね。

column | 4

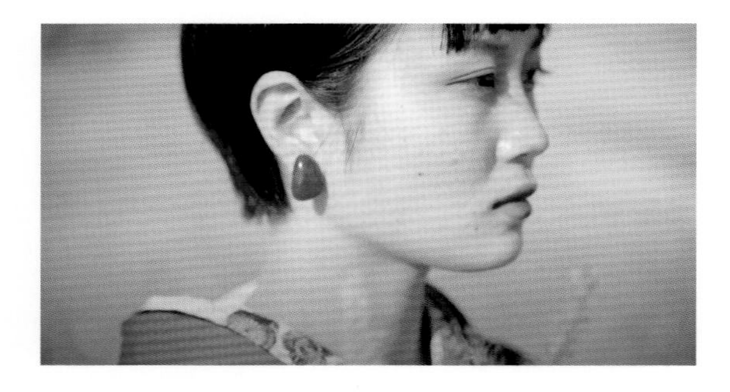

4

人物を中心に回転する

人物を中心にカメラが反時計周りに回ったら、人物には時計回りに回ってもらいます。反対方向に回ることで動きがダイナミックに。

5

パーツに寄って撮る

アップで撮影する際、正面から顔のドアップは嫌がる人もいるので、耳やうなじ、目元など顔まわりのパーツや、手足を撮影すると雰囲気の良い寄りに。

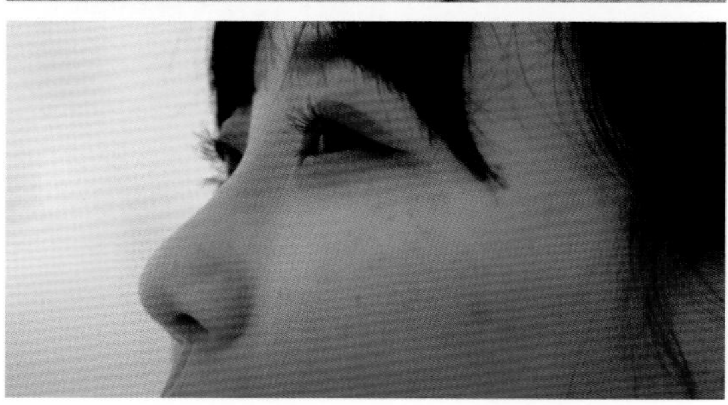

被写体への声かけは?

指示は明確に!

「下ってきて、ゆっくりとススキのほうを見て目線を上げてください」などと動きの指示は明確に出します。

撮影前に雑談を

初対面の被写体の人は、車や電車など移動中に雑談をして緊張をほぐします。

子ども撮影は楽しませる

子どもの撮影では、カメラの上におもちゃをつけて、「は〜い、こっち見て〜」と笑顔で声かけを。

PROFILE

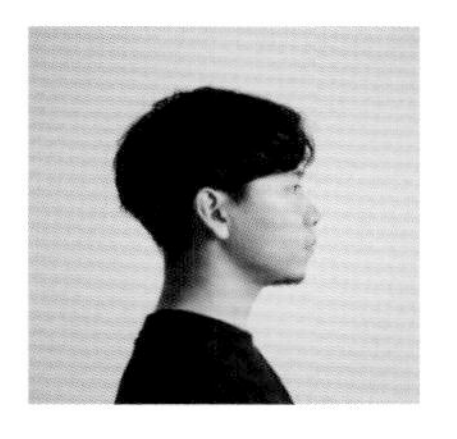

Tenyu Inaba

稲葉天佑

映像プロダクション「.new」代表。映像ディレクター・カメラマン・Webマーケター。1997年愛知県半田市生まれ。大学在学時より、YouTubeにて動画コンテンツを発信。大学卒業後は、広告代理店に2年間勤務しWeb広告運用の知見を深める。退社後すぐに映像制作チームを発足。映像クリエイター兼Webマーケターとして企業や店舗のプロモーション・ブランディング映像などを制作。動画制作のハウツーやVlogを発信しているYouTubeチャンネル「KCVlog」は登録者数3万人超え。

Twitter、Instagram ➜ @u_itry

YouTube チャンネル「KCVlog」

—

https://www.youtube.com/@KCVlogKATAMARICREATE/

映像プロダクション「.new」

—

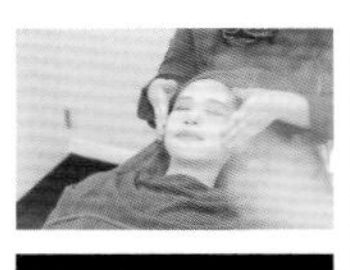

https://dotnew.jp/

撮影協力

TEMTASOBI GINGER（@temtasobi.ginger）
自家焙煎珈琲丸喜（@malkicoffee）
JIMMYS（@jimmys421）
GINGER ZONE（@ginger_zone_yakusyokudougen）
碧（@aoi_s_photo_）
ギャラリーイリマル（@gallery_irimaru）
杉下 綾（@honeywaxxaya）
RETREAT KITCHEN（@retreat.kitchen、@retreat_kitchen_son）
little garden（@littlegarden.chiimoii）
酒場やみくろ（@sakabar.yamikuro）

【順不同・敬称略】() 内はInstagramのアカウント名です

本書のご感想をぜひお寄せください
https://book.impress.co.jp/books/1121101118

アンケート回答者の中から、抽選で図書カード（1,000円分）などを毎月プレゼント。当選者の発表は賞品の発送をもって代えさせていただきます。

※プレゼントの賞品は変更になる場合があります。

■商品に関する問い合わせ先

https://book.impress.co.jp/info/

このたびは弊社商品をご購入いただきありがとうございます。本書の内容などに関するお問い合わせは、上記のURLまたは右記の二次元バーコードにある問い合わせフォームからお送りください。

上記フォームがご利用いただけない場合のメールでの問い合わせ先

info@impress.co.jp

※お問い合わせの際は、書名、ISBN、お名前、お電話番号、メールアドレス に加えて、「該当するページ」と「具体的なご質問内容」「お使いの動作環境」を必ずご明記ください。なお、本書の範囲を超えるご質問にはお答えできないのでご了承ください。

●電話や FAX でのご質問には対応しておりません。また、封書でのお問い合わせは回答までに日数をいただく場合があります。あらかじめご了承ください。
●インプレスブックスの本書情報ページ（https://book.impress.co.jp/books/1121101118）では、本書のサポート情報や正誤表・訂正情報などを提供しています。あわせてご確認ください。
●本書の奥付に記載されている初版発行日から3年が経過した場合、もしくは本書で紹介している製品やサービスについて提供会社によるサポートが終了した場合はご質問にお答えできない場合があります。
● 本書の記載は2023年5月時点での情報を元にしています。そのためお客様がご利用される際には情報が変更されている場合があります。あらかじめご了承ください。

■落丁・乱丁本などの問い合わせ先

FAX　03-6837-5023
service@impress.co.jp
※古書店で購入された商品はお取り替えできません。

デザイン	横山 曜（細山田デザイン事務所）
DTP	柏倉真理子
写真	仙石 健（.new）
動画編集協力	吉村幸一（.new）
イラスト	つまようじ（京田クリエーション）
校正	株式会社トップスタジオ
編集協力	山崎理佳
編集	田中淑美
編集長	和田奈保子

Vlogもシネマティックも思いのままに。
はじめての動画撮影＆編集レシピ

2023年6月21日　初版第1刷発行

著者　稲葉天佑
発行人　小川 亨
編集人　高橋 隆志
発行所　株式会社インプレス
〒101-0051
東京都千代田区神田神保町一丁目105番地
ホームページ　https://book.impress.co.jp/

印刷所　図書印刷株式会社
ISBN978-4-295-01641-0 C3055
Printed in Japan